實戰智慧館 486

飛輪效應

A⁺ 企管大師 7 步驟打造成功飛輪，帶你從優秀邁向卓越

Turning the Flywheel

A Monograph to Accompany Good to Great

詹姆・柯林斯（Jim Collins） 著
楊馥嘉 譯

以忠誠、愛與友誼互常的精神，

獻給與我同甘共苦的堅強團隊——你知道的，就是你。

飛輪效應｜目錄｜

Turning the Flywheel

商業以外的飛輪應用 47

雖然只是帶領大組織裡的小單位，領導者都會肩負起身為小單位領導者的責任，想辦法讓飛輪步上正軌。不管你從事哪一行，公司規模是大或小、營利或非營利，你是執行長或單位主管，都可以自問：我要怎麼做才能夠轉動飛輪？

飛輪的執行與創新 63

在飛輪的應用上，你必須完全擁抱「兼容並蓄」的概念，不僅「維持」飛輪運轉，也要「更新」飛輪本身的要件。

拓展飛輪 75

卓越公司通常一開始會投入巨大的資金，在某個特定的商業領域中脫穎而出。但他們的觀念已經從「經營一種事業」轉變成「推動一個飛輪」。他們藉由發射子彈來延伸飛輪，然後才發射砲彈。

特別企畫　台灣名家第一手實證與推薦

啟動飛輪，加速動能

想要從優秀的公司蛻變成卓越的企業，
仰賴的不是一次決定性的行動、
一項宏大的計畫或單單一個殺手級的創新應用，
也不是靠一點小運氣或者等待奇蹟出現，
而像是在推動一個巨大、沉重的飛輪。
然後，在某個時刻，飛輪以不可遏抑的動能，快速前進奔馳。

「所謂的美，並非來自表面裝飾效果，而是來自整體結構的一致性。」

——皮耶爾・內爾維（Pier Luigi Nervi）❶

二〇〇一年秋天，就在《從A到A^+》首度出版時，我受邀前往亞馬遜公司（Amazon.com）參與一場深度對談，與會人士包括創辦人傑夫・貝佐斯（Jeff Bezos）與幾位高層主管。當時正是網路經濟泡沫化破滅最嚴重的時刻，有些人不禁懷疑，到底亞馬遜要如何（或是否能夠）從打擊中恢復氣勢，繼續以卓越企業之姿站穩浪頭？

在那場會談中，我分享了我們研究發現的「飛輪效應」。想要從優秀的公司蛻變成卓越的企業，仰賴的不是一次決定性的行動、一項宏大的計畫或單單一個殺手級的創新應用，也不是靠一點點小運氣或者等待奇蹟出現。反而，這樣的蛻變像是在推動一個巨大、沉重的飛輪。你使勁將飛輪推進三公分，然後繼續推，持續努力，飛輪終於轉完一圈。你繼續推，飛輪轉動的速度又比剛剛快一些。第二圈……第四圈……第八圈……飛輪逐漸累積動能……第十六圈……第三十二圈……愈來愈快……一千圈……一萬圈……十萬圈。然後在某個時刻，發生重大突破！飛輪以不可遏抑的動能，快速前進奔馳。

一旦能夠「以自身的環境條件，完全掌握建立飛輪動能的技巧」（亦即本書重點），並且透過創意與紀律將它付諸行動，你就擁有了創造策略性複利效應的能力。每當你做了一連串正確的決定，並且精準有效地執行計畫，即是為飛輪累積動能，加乘每一圈的轉動績效，這就是創造卓越的不二法門。

❶ 皮耶爾．內爾維是聞名世界的義大利建築師暨工程師。

為客戶創造價值

亞馬遜團隊全力把握飛輪概念，有效地應用在他們的運作機制裡，確實累積動能，驅使公司整體登上高峰。

一開始的時候，貝佐斯就將「為更多客戶創造更多價值」的狂熱傾注入亞馬遜。這是一股相當強大且活躍的驅力，甚至是相當崇高的目標。但這份狂熱之所以與眾不同的關鍵原因不僅是「立意良善」，更在於貝佐斯與公司團隊把這份驅力轉化成持續進行的迴圈模式。

美國作家布萊德．史東（Brad Stone）在其著作《什麼都能賣！》（*The Everything Store*）中提到：「貝佐斯與他的團隊描繪出屬於他們的良性循環，並且深信這會使他們的公司更加壯大。簡單來說，這個循環就是：售價更低，客流量更大。來訪的客戶愈多，愈能增進銷售量，並吸引更多願意支付上架費的第三方賣家進駐。這讓亞馬遜能夠獲取更多的利潤，以平衡固定支出，像是物流中心與營運網站所需的大量伺服器。如此一來，績效愈好，愈能降低商品售價。亞馬遜團隊推論，只要飛輪的任何一部分獲得燃料，整個循環迴路就會加速進行。」如此一來，飛輪就會開始運轉，逐漸累積動能，也就是「推動飛輪，加速動能，然後不斷重複進行」。史東說，貝佐斯將飛輪概念的實踐應用視為是亞馬遜的「祕方」。

亞馬遜飛輪的精神

關於亞馬遜最初的飛輪精髓，我所描繪的版本請見圖1.1。（請注意，我會在本書列出幾個特定的飛輪圖示，用來輔助說明這個概念。必須特別說明的是，這些都是我根據每個案例所推論出的飛輪草圖，與該企業領導人實際研發的飛輪模組，很可能在細節上有所不同。請利用這些飛輪圖示，好好領會飛輪概念，刺激你構思出屬於自己的飛輪模式。）

圖 1.1

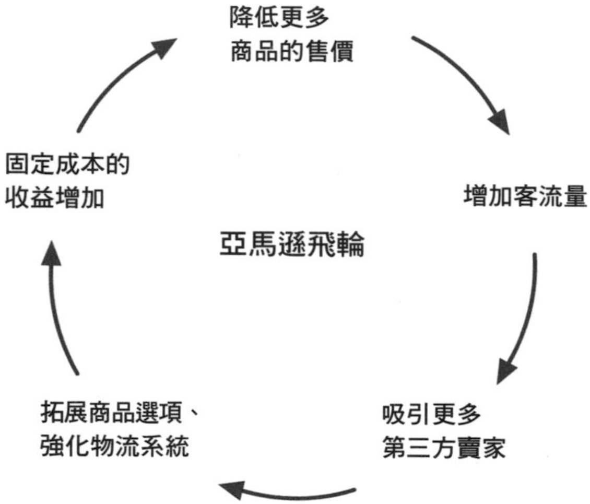
降低更多
商品的售價
增加客流量
吸引更多
第三方賣家
拓展商品選項、
強化物流系統
固定成本的
收益增加
亞馬遜飛輪

讓我們注意一下其中銳不可擋的邏輯性。試著在腦海中一步步回想亞馬遜的飛輪模組，想過幾次之後，你會發現自己也被那樣蓬勃的動能給捲了進去。飛輪的每個環節都順理成章地將你推送進下一個環節，宛如把自己拋入一個不斷循環的迴圈裡。

創造自己的飛輪模式

在網路經濟泡沫風暴中，貝佐斯與他的團隊大有可能會驚慌失措，拋棄飛輪概念，屈服於我在《從A到A^{+}》提過的「命運環路」，從此一蹶不振。當一家公司陷入命運環路、面對令人失望的結果時，往往會失去紀律，他們會急著找尋新的救世主、新計畫、新潮流、新話題或者新方向，而這只會讓他們經歷更多的失望。然後，他們再次進退失據，導致更多的失望。

反觀亞馬遜，他們全力投入自己的飛輪模式，奮力不懈地積極創新，創造並累積更多的動能，不但從網路經濟泡沫化中存活下來，還成為電子商務時代最成功、最持續不墜的龍頭企業。隨著時間演進，亞馬遜從一家普通的電子商務平台，不斷地更新並拓展原本的飛輪，利用人工智慧與機器學習演算法等新科技加速器，提升飛輪的效能表現。不過總的來說，飛輪的基本架構大都保持一直以來的型態，它所創造出的顧客價值複利機制，讓世界上許多數一數二的大公司望塵莫及。

永遠不要低估卓越飛輪的力量，尤其是當它已經累積了很長一段時間的複利動能。一旦你正確啟動飛輪，你將會不斷地更新並延伸飛輪模式，時間會經歷數年至數十年不等，透過一個又一個決定、一次又一次行動、一個又一個的轉動，每一個迴圈都增加了積累的效能。不過為了達到最好的效果，你需要理解「你獨有的飛輪」是如何運轉。你的飛輪模式肯定不會和亞馬遜的完全相同，但它應該要像亞馬遜飛輪一樣清楚易懂，邏輯上也同樣條理分明。

《從A到A+》出版後，我曾挑戰許多領導團隊，請他們像亞馬遜一樣研擬出自己的飛輪模式。其中有些團隊來到我們位於科羅拉多州博德市（Boulder）的「從A到A+管理實驗室」，當他們組裝自己的飛輪時，我觀察到那個過程幾乎像是在拼拼圖。他們列出關鍵元素，嘗試不同的排列組合，不斷地來回討論和辯論，為了清楚無誤地了解自己的飛輪，所有人都專心參與這個嚴謹的思辨過程。「哪些元素是不可或缺？」「飛輪的第一個元素是什麼？緊接在後的又是什麼？」「如何讓這個飛輪迴圈更完整？」「我們放進太多元素了嗎？」「有漏掉什麼嗎？」「我們有沒有什麼證據支持這個論點實際可行？」就這樣一步步地，屬於他們的獨一無二飛輪開始成形。當所有環節最後都彼此扣緊時，感覺就像是拼圖的最後一片終於完美到位。這些團隊在釐清他們的飛輪模式時，過程中都經歷了高亢的情緒，也就是當你找到或「感覺到」某個達成「從優秀到卓越」突破點的有效做法時，所湧現的興奮之情。

建立顧客忠誠度的先鋒飛輪

先鋒集團（Vanguard）是全球共同基金界的巨人，執行長比爾・麥克納（Bill McNabb）曾在二〇〇九年帶著資深團隊，前來博德市進行為期兩天的飛輪研擬工作坊。他們成功掌握了先鋒的動能機制精髓，成果令人非常驚豔，我把先鋒的飛輪模式簡單描繪如下（請見圖1.2）。

請注意，先鋒飛輪模型裡的各個環節並非「下一個待辦事項」，而是「前一個步驟必然導致的結果」。如果你提供給客戶的是低成本共同基金，

圖 1.2

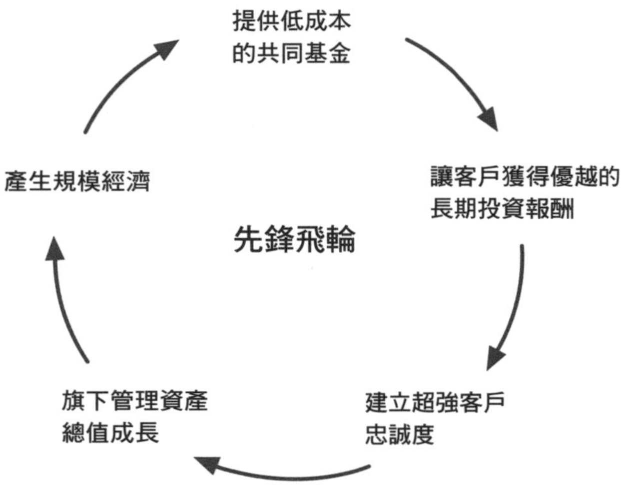
提供低成本
的共同基金
讓客戶獲得優越的
長期投資報酬
建立超強客戶
忠誠度
旗下管理資產
總值成長
產生規模經濟
先鋒飛輪

那麼你「必然」會讓該客戶獲得優渥的長期投資報酬（相對於相同投資標的之高成本基金）；如果你幫客戶賺得優渥的報酬，你「必然」會累積客戶對你的忠誠度；如果你建立了堅實的客戶忠誠度，你「必然」會吸引更多資金投入而使資產總值大幅成長；一旦你管理的資產總值增加，「必然」會讓你創造出規模經濟；而規模經濟所衍生的高額利潤，則「必然」讓你能提供更多低成本的投資組合給客戶。

先鋒創辦人傑克·柏格（Jack Bogle）[2]深具遠見，成功建立起全球第一支指數型共同基金，先鋒以其洞見與原則為基礎，打造並持續推動某一種形式的飛輪長達數十年。不過先鋒暫停下來，精煉並具體化飛輪的基本結構，使得領導團隊得以釐清，他們需要做的是專心於持續增進動能，尤其在走出二〇〇八至二〇〇九年金融危機的陰霾之後。在二〇〇九至二〇一七年之間，先鋒的飛輪持續增進動能，締造出其管理資產總額超過四兆美元的好成績。

先鋒是一個絕佳的典範，展示了頂尖飛輪要能成功運行所需具備的關鍵因素。如果你能掌握一個環節，就能將自己推送到下一個環節，然後是下一個、再下一個……幾乎如同連鎖反應。當你構思自己的飛輪時，切記不要只是把一份毫無生氣的條列清單填進一個圓圈裡就以為大功告成；這些要素在飛輪中必定要有「邏輯排序」，如此一來才能啟動你的飛輪動能，讓它加速前進！

智識鍛鍊是正確理解邏輯排序的必要條件，而這樣的鍛鍊會產生驚人的策略洞見。

一九八二年，史丹佛大學商學研究所教授羅伯特・柏格曼（Robert

❷ 先鋒集團創辦人原名為約翰・柏格（John Bogle），「傑克」是人們給他的暱稱。

Burgelman）曾經對著教室裡滿滿的學生（我也是其中一個）說：企業與人生的最大危機不在於顯而易見的失敗，而是成功了卻不了解自己當初「為什麼」會成功。柏格曼的真知灼見深深烙印在我腦海中，二十五年來陪伴我探尋卓越企業的致勝原因，尤其是說明有些公司為什麼會失勢時更具深意。唯有深入理解飛輪動力來源的基本因果關係，你才有辦法避開「柏格曼陷阱」。

持續的改善和提升績效中蘊藏了巨大的力量。飛輪效應不只會發生在外部投資人身上，也能凝聚內部員工。

——摘自《從 A 到 A⁺》第八章

卓越飛輪的續航力

如果有一天，
你的飛輪失去了作用，或者已經搖搖欲墜，
很快地會成為過往雲煙，
那麼就接受這個事實吧，
你需要重新檢視你的飛輪，
或者乾脆淘汰換新。

許多企業常犯的最嚴重策略錯誤之一，在於成功時沒有持續積極地乘勝追擊。其中一個原因是這些領導者開始著迷於永無止境地追求「下一個爆點」，而有時候他們的確能遇到「下一個爆點」。然而，我們的交叉研究顯示，如果以正確方式勾勒你的飛輪模式，並且持續更新並且拓展這個飛輪，它的續航力將會不同凡響，也許還能帶領你的組織安然度過策略轉折點或亂流。但如想讓飛輪獲得卓越的續航力，就必須做到這點：認知到飛輪的基本架構「不同於」單一作業流程或活動清單。

助長英特爾崛起的飛輪

讓我用英特爾（Intel）從記憶體晶片卡轉到微處理器的「戲劇化轉變」這個經典案例來說明。

在早期，英特爾的飛輪模式是套用摩爾定律（積體電路組件數量的成

圖 1.3

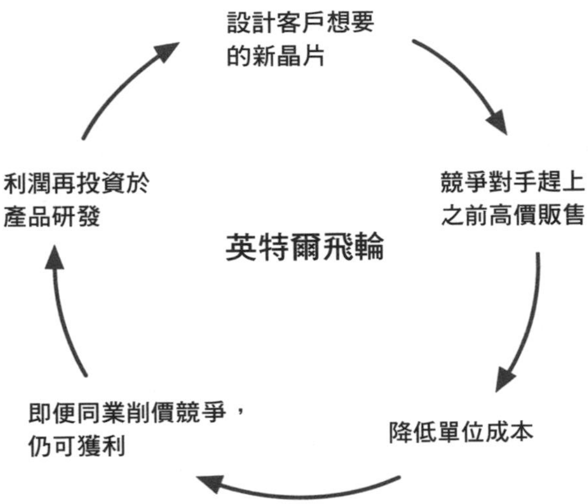
設計客戶想要
的新晶片
競爭對手趕上
之前高價販售
降低單位成本
即便同業削價競爭，
仍可獲利
利潤再投資於
產品研發
英特爾飛輪

本每十八個月會下降一半的實證觀察）。根據這個洞見，英特爾的創始團隊打造了以下的策略複利機制：設計出顧客想要的新晶片；在競爭對手趕上之前先高價販售；銷售量增加後，單位成本降低（由於規模經濟）；即便競爭對手降價，仍可獲得高額利潤；將獲利再投資研發新一代晶片。這個飛輪大大助長了英特爾的崛起，讓它一路躍升為記憶體晶片領域的卓越公司。

然後到了一九八〇年代中期，記憶體晶片事業突然進入激烈的國際價格大戰。英特爾的銷售成績下滑，獲利不再。執行長高登·摩爾（Gordon Moore）與總裁安迪·葛洛夫（Andy Grove）面對一個赤裸裸的現實：英特爾的記憶體晶片事業已經難以維持，而且無法東山再起。在必讀的葛洛夫著作《十倍速時代》（*Only the Paranoid Survive*）裡，他記錄了一段與摩爾討論後的頓悟。他問摩爾：「如果我們被炒魷魚，董事會找來一位新執行長，你覺得他會怎麼做？」摩爾的答案斬釘截鐵：「他會要公司從此與記憶體晶片分道揚鑣。」葛洛夫沉思一會兒，說：「不如我們就從這道門出去再走回來，自己來做這件事？」我腦海中浮起一個畫面，葛洛夫與摩爾互相用手指著對方說：「你被開除了。」然後兩人從辦公室走到公司大廳，再度用手指著彼此說：「你被雇用了！」隨即一起走進辦公室，以「新」領導人姿態宣布：「夠了，我們要和記憶體晶片說掰掰了！」

飛輪架構並非一成不變

現在，思考一下這個問題：英特爾可曾為了這個大膽改革而拋棄他們的飛輪模式？沒有！英特爾在十多年前就建立起一個微處理器的生產副線，而他們的基本飛輪架構不管是用在微處理器或記憶體晶片，都一樣可行。這兩個晶片產品當然不同，但兩者適用的基本飛輪模式幾乎一樣。

我在二〇〇二年與葛洛夫聊起這個話題，當時我們正準備上台進行一場座談，主題為「打造卓越企業」。我們談到捨棄記憶體晶片事業的決定，葛洛夫評論說，從飛輪的結構來看，英特爾大膽地從記憶體晶片轉到微處理器，表面上看似大刀闊斧、毫無接續性，其實不然。實際上，那比較像是動能的轉移，也就是從記憶體晶片移轉到微處理器，而不是突兀地創造一個全新的飛輪。如果英特爾退出記憶體晶片產業時，也一併捨棄原本的基本飛輪結構，它就不會成為推動個人電腦革命的晶片製造大廠。

對真正卓越超凡的公司來說，「爆點」從來就不是特定的一條事業線、產品、想法或發明。好好構思你的基礎飛輪結構，就是真正的爆點。規畫正確的飛輪，它就能（以革新與延展的方式）引導並驅動所有動能長達至少十年，還可能更長久。亞馬遜、先鋒、英特爾都沒有因為世界的變化多端，而以為毀棄自己的飛輪是最好的應對方式；相反的，他們持續推動飛輪，翻轉這個世界。

持續推動飛輪指的並非不動腦筋地重複過去的行動，而是應該精進、拓展、延伸你的飛輪。對先鋒來說，「持續推動飛輪」不只讓他們推出柏格的革命性商品——標普五百指數型基金（S&P 500 index fund），而是幫助他們創造出符合先鋒飛輪精神、資產類型更豐富的多種低成本基金。對亞馬遜來說，持續推動飛輪的意思不只是在網路上賣賣書而已；它要做的是拓展亞馬遜飛輪，並且讓它進化成世界上最大、最無遠弗屆的電子商務系統，然後延伸這個飛輪，開始販售亞馬遜自家商品（像是Kindle電子閱讀器、Alexa人工智慧語音助理），接下來進入經營實體零售店（亞馬遜在二〇一七年買下全食有機連鎖超市〔Whole Food〕）。英特爾不斷推動飛輪的方式不是固守記憶體晶片不放，而是重新調整自家的飛輪模式，在全新的晶片產業中繼續發光發熱。

要釐清的是，我並不認為飛輪一旦建立就需要永生不死地運轉。但只要看看亞馬遜、先鋒、英特爾這三家來自變化多端的產業類別，各自的基本飛輪架構幾十年來持續為公司帶來成長。儘管英特爾後來的發展已經跨出晶片產業，改變不了一個事實，就是最初建立的飛輪架構讓英特爾躍升為卓越公司，這樣的好成績保持三十多年不墜。先鋒集團在投資領域立足半世紀以來，其基本飛輪架構的邏輯依然一如往昔。二〇一八年，我正在撰寫本書時，亞馬遜最初始的飛輪模式依然活躍且切中市場脈動，這要歸功於他們對飛輪的履新與延伸，從它開始運轉至今已經超過二十年。

接下來，我將著重於卓越公司如何更新並延展他們的飛輪。如果有一天，你醒來發現飛輪失去了作用或已經搖搖欲墜，很快會成為過往雲煙，那麼就接受這個事實吧，你需要重新檢視你的飛輪，或者乾脆淘汰換新。不過在決定放棄舊飛輪之前，首先要確認自己真的了解它的基本架構。當一個卓越的飛輪可以作為永續改造、更新、延伸的超級策略時，千萬不要輕易拋下它。

不管遭遇多大的困難，都相信自己一定能獲得最後的勝利，
同時，不管眼前的現實多麼殘酷，都要勇敢面對。

——摘自《從 A 到 A+》第四章

打造專屬飛輪

飛輪不一定從頭到尾都要獨一無二。

真正讓大贏家們與眾不同的是，

就算他們的起步比該領域的開路先鋒晚，

他們還是有能力把最初的成功轉換成持續運轉的飛輪。

建構飛輪的七大步驟

那麼，你要怎麼描繪自己的飛輪呢？我們的管理實驗室曾經與不同類型的組織，透過蘇格拉底式的問答對話，研發出一套基本方法，主要的步驟如下：

第一步，建立一份優秀表現清單，列舉出你的企業過去顯著又得以複製的成功案例，這其中應該包含表現超乎預期的新措施與新產品。

第二步，整理一份失敗與失望表現清單，其中應該包括你的企業徹底失敗或結果遠低於期待的新措施與新產品。

第三步，比較上述兩份清單，自問：這些成功與失敗的經驗是否能夠迸出靈感，成為我們打造飛輪需要的可能元素？

第四步，將你找出來的元素（盡量保持四到六項），描繪出飛輪模型。問問自己：這個飛輪要從哪一點開始轉動？迴圈的最頂端是什麼？接下來是哪一個？下一個呢？你應該要能夠解釋這些要素排列的理由。畫出這個迴圈回到頂點的路徑。你應該也要能夠說明，這個飛輪如何依靠自動循環來加速動能。

第五步，如果模型的元素超過六個，你就是把它設計得太複雜了；統整並簡化這些元素，以抓住飛輪的精髓。

第六步，用這個飛輪測試你的成功與失敗清單。你的實際經驗能否用這個飛輪模型來驗證？不斷調整飛輪，直到你能用它來說明你最大的可複製成功案例，就是這個模型直接產出的成果，同時也能用來解釋你最嚴重的失敗經驗，就是因為疏於貫徹執行或偏離了飛輪的任何一個環節。

第七步，以「刺蝟原則」的三個圓圈測試你的飛輪。刺蝟原則是對於下列三個圓圈的交集有了深刻理解之後，所發展出來的單純清晰概念：

（一）你們對什麼事業充滿熱情？
（二）你們在哪些方面能達到世界頂尖水準？
（三）你們的經濟引擎主要靠什麼驅動？

你的飛輪與熱情投入的事業是否相輔相成，尤其是長期引領前進的企業核心目的與持續的企業核心價值？你的飛輪是否建立在你們最能成為世界頂級水準的產品事業上？你的飛輪是否能為你們的經濟或資源引擎帶來動力？（在本書的附錄，我會為這些結構概念做重點摘要，像是「刺蝟原則」，同時加上每個概念的簡短定義。附錄還會顯示飛輪符合「從優秀到卓越」整個概念地圖中的哪個區塊。）

追求單一商品的卓越化

對於尚未具備能夠建構飛輪環節要素的組織，像是處於早期創業階段的公司，有時候可以參考其他發展完善的飛輪模式，借鑑他們的洞見，快速啟動自己的飛輪步驟。

吉羅運動用品設計公司（Giro Sport Design）的創辦人吉姆・甘特斯（Jim Gentes）所設計的新式自行車安全帽，比其他品牌的安全帽來的更輕盈通風。戴上吉羅安全帽，自行車車手不但騎乘速度更快，過程也更涼爽舒適且安全。同時，它的外觀時尚流行、色彩鮮豔，反觀當時大部分的自行車安全帽都像拳擊手的頭盔，讓車手看起來活像是一九五〇年代的B級恐怖片怪獸。當年，甘特斯在加州長堤自行車車展上曝光他的安全帽雛型設計之後，他帶回八萬美元的訂單，回到他一房一廳的公寓，開始在自家車庫生產一批批的自行車安全帽。

但是，如何把單一商品轉換成一個永續發展的飛輪模式，尤其是從車庫創立的事業？甘特斯開始研究耐吉（Nike），汲取耐吉的基本精神。

在運動用品界，社會影響力是有高低等級之分的。例如，如果你有辦法讓環法自行車賽的冠軍車手戴上你的安全帽，其他認真的業餘自行車車手就會想要仿效，如此一來，影響力就會如瀑布般傾瀉而出，進而建立起品牌知名度。

甘斯特做了一件事，證實了這個洞見的效果：他將公司微薄資金的一大部分，拿去贊助美國菁英車手桂格．勒蒙（Greg LeMond）[3]，讓他戴上吉羅安全帽。

就在一九八九年環法自行車賽的戲劇性決賽中，勒蒙追上了一開始落後的五十秒，在經過二十三天的賽程後，還以八秒之差贏得比賽冠軍，而當時他全速衝向巴黎香榭里舍大道的終點時，頭上戴的安全帽正是來自吉羅運動用品設計公司。一時之間，投入自行車運動的人都想戴上吉羅安全帽，不管是什麼款式都覺得很酷。

除此之外，甘特斯沿用了耐吉飛輪的關鍵概念，與自己發明卓越新產品的熱情相融合，設計了自己的飛輪，把吉羅從車庫推往更大的生產線工廠。他的飛輪模式（請見圖1.4）是：發明卓越產品；提供頂尖運動員使用；引發週末運動者群起仿效偶像；吸引主流顧客；更多運動員使用產品、增強品牌力。接下來，為了維持「潮酷」形象，制定高價策略，再將利潤投入產品研發，設計出下一代頂尖運動員會想使用的卓越產品。

飛輪不一定從頭到尾都要獨一無二。兩家成功的公司可能擁有類似的飛輪模式。最重要的是你有多了解自己的飛輪，以及每一次重複運轉是否都有完整執行每一個環節。

❸ 桂格．勒蒙是美國自行車車手，曾三度奪得環法單車賽冠軍及兩次公路賽世界冠軍。

圖 1.4

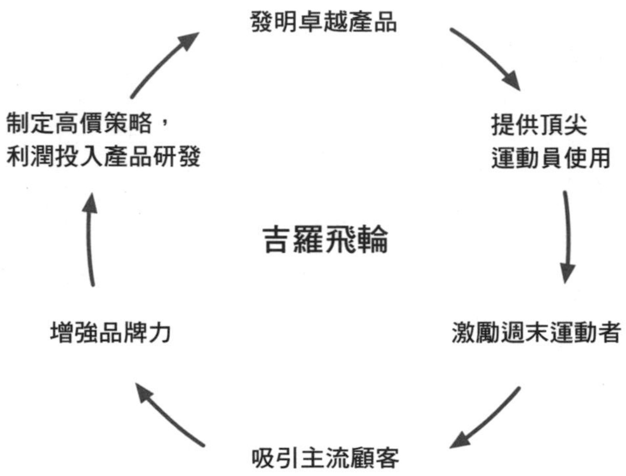
發明卓越產品
提供頂尖
運動員使用
激勵週末運動者
吸引主流顧客
增強品牌力
制定高價策略，
利潤投入產品研發
吉羅飛輪

超越開路先驅

如同傑若德・提利斯（Gerard Tellis）與彼得・戈提（Peter Golder）在兩人合著的《野心與願景》（*Will and Vision*）一書中提到的，新產品市場的開創者幾乎很少（低於一〇％）成為最後的大贏家。同樣的，我們曾經嚴謹地交叉比對所有的研究案例（請見《基業長青》、《從A到A+》、《為什麼A+巨人也會倒下》、《十倍勝，絕不單靠運氣》等書），發現「成就最高」與「業界開創先驅」之間並沒有任何系統性的關聯。這在創新導向的產業，如電腦業、軟體業、半導體業、醫療器具產業，也獲得證實。亞馬遜和英特爾都是在各自產業的開路先驅之後才開始打造自己的一片天；在DRAM晶片業早期發展期間，超微（Advanced Memory Systems，簡稱AMD）的表現優於英特爾，而在網路書店方面，Books.com比亞馬遜更早投入市場。

說真的，這些企業史上的大贏家一直都有超越業界競爭所需的創新門檻，但真正讓大贏家們與眾不同的是，就算他們的起步比該領域的開路先驅晚，他們還是有能力把最初的成功轉換成持續運轉的飛輪。

刺蝟原則不是把達到頂尖當成目標、把達到頂尖當成策略、
有達到頂尖的意圖，或具備了達到頂尖的計畫，
而是了解自己在哪些方面能夠表現得最好，達到頂尖。

——摘自《從 A 到 A⁺》第五章

商業以外的飛輪應用

雖然只是帶領大組織裡的小單位，
領導者都會肩負起身為小單位領導者的責任，
想辦法讓飛輪步上正軌。
不管你從事哪一行，公司規模是大或小、營利或非營利，
你是執行長或單位主管，
都可以自問：我要怎麼做才能夠轉動飛輪？

現在，你可能會想：「但我只是深藏在大組織中的一個小單位，我也能打造飛輪嗎？」是的，你可以。為了證明，讓我們看看一個小單位的領導者，一位小學校長，她是如何在學校的圍牆內建造起堅實的飛輪效應。

小學校長的改革

當黛柏．古斯塔夫森（Deb Gustafson）成為萊利堡軍事基地的威爾小學（Ware Elementary School）校長時，她所承接的這所學校被列為堪薩斯州第一批「表現有待改進」的公立學校之一，其中只有三分之一的學生在閱讀方面達到該年級要求的水準。古斯塔夫森要處理的不只是學生的高流動率（因為家長轉調派駐到其他地方），還要面對高達三五％的教師流動率。而孩子們則要面對另一種特殊的困境，即戰時軍人家庭會有的高壓生活。如果你的爸爸或媽媽得要出差是一回事，但眼睜睜看著爸爸或媽媽被調派到戰區，又是另一種截然不同的狀況。「這些孩子的時間很緊迫。」古斯塔夫森告訴自己，「如果我們沒能在他們一年級或二年級時帶好他們，如果他們轉學時還沒辦法閱讀，我們就有負於他們往後的人生。我們沒有失敗的空間。」

教學是一種關係往來，而不是利益交換，古斯塔夫森相信，關係只能建立在合作與互相尊重的基礎上。當父母必須要前往戰地服役，一家人因為效忠國家而被迫分隔兩地時，此時孩子們最不需要的就是校園裡的紛紛擾擾。他們需要的是一份沉靜的安心感，知道學校老師們隨時能夠提供協助，而且會齊心協力地支持他們度過難關。古斯塔夫森後來描述，當她讀到《從A到A+的社會》之後，就決定馬上在她的學校實踐飛輪概念。「當我讀到〈轉動飛輪〉那一章時，我整個人興奮得不得了，」古斯塔夫森說，「如果你能讓每個人都推動飛輪，它就能朝著同一個方向自動運轉了，我真是超愛這個想法的。」

古斯塔夫森沒有等著讓學區督學、堪薩斯州教育局長或美國教育部長來修正整個中小學系統的飛輪問題，她積極投入，在她的威爾小學裡創建一個小單位適用的飛輪模式（請見圖1.5）。

充滿熱情能量的威爾小學飛輪

威爾小學飛輪的第一步是挑選充滿熱忱的老師。「要吸引教學經驗豐富的老師到堪薩斯州鄉下的一個軍事基地教書，對我們來說不是件容易的事。」古斯塔夫森解釋說，「所以，我把重心放在招募有熱情、較無教學經驗的老師，我想如果一個老師擁有正確價值觀，而且個性積極熱情，應該能夠被訓練成好老師。」這份熱情的能量將能使整個學校跟著動起來，推動飛輪運轉前進，只是這股力量需要被引導、調教到正確方向，並且適當地控制管理；毫無計畫地把一群沒經驗的老師送進教室，這麼做一點意義

圖 1.5

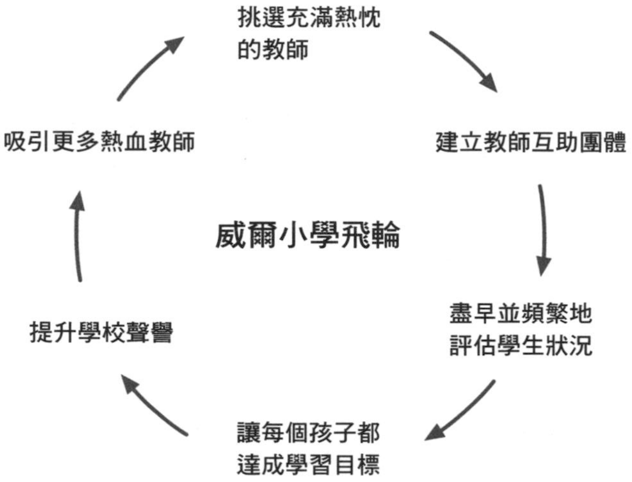
挑選充滿熱忱
的教師
建立教師互助團體
盡早並頻繁地
評估學生狀況
讓每個孩子都
達成學習目標
提升學校聲譽
吸引更多熱血教師
威爾小學飛輪

也沒有。

於是，古斯塔夫森進入飛輪的第二步：建立教師互助團體。每一個新進老師都要參加互助小組，由一個熟悉威爾小學文化的有經驗老師負責引導。互助交流會至少每星期舉辦一次，小組成員在會上分享想法，彼此提供建議，討論個別學生的發展狀況，並且改進威爾小學的教學方法，於是這個機制產生了凝聚力與動能。

毫無疑問，唯有知道自己的教學狀況、每個孩子的進步成果，你才有可能改進。而這讓威爾小學順勢進入飛輪的第三步：及早並時常評估學生狀況。小組裡不斷地討論與分享，源源不絕的數據創造了一股動力，也就是為了孩子們，我們得要成功！我們不能讓任何一個孩子落後！每個孩子都是重要的！老師們自己與互助小組設定目標，為學習可能落後的學生擬定具體計畫。

小組固定每一季與校長開會，進一步修正學生計畫，讓飛輪的動能持續增加，繼續轉動到第四步：讓每一個小孩都達成學習目標。古斯塔夫森與她的教師群接手這間小學時，全校只有不到三五%的學生具備良好的閱讀能力，而他們聯手逆轉了這個局勢：在第一年結束時，閱讀率來到了五五%，第三年是六九%，第五年是九六%，然後在第七、八、九年以及之後，全校有九九%的學生都具備優秀的閱讀能力。

這一切的動能把飛輪推向第五步：提升學校聲譽，不只因為學生進步了，也因為這裡成為教學的好學校。

於是，這讓飛輪轉向第六步：吸引更多有志於此的熱情教師。一路以來，威爾小學逐漸累積聲譽，受到堪薩斯州立大學的認可，成為專業發展訓練的合作學校，繼而源源不絕地提供飛輪所需要的實習老師與實習生。「我們迎來許多充滿熱情、帶有潛在教學能力的人，然後他們就愛上我們這所學校了。」古斯塔夫森說，「其中的原因是這裡的文化、人際關係與團隊合作氣氛，你和小組同伴一起進步，並且讓孩子們受惠，這都是為什麼我們可以吸引到對的人。於是，懷抱熱忱的人如泉水般不斷湧入，讓我們能夠一年又一年地持續推動飛輪。」在寫作本書的此時，由古斯塔夫森所創建的威爾小學飛輪已經運轉超過十五年，每年觸及的軍人家庭小孩高達九百名。

雖然只是帶領大組織裡的一個小單位，像是小學校長古斯塔夫森，這些領導者卻創造了好幾項卓越的成就，他們絕不是那種坐等大環境變好才要動起來的人。他們會肩負起身為小單位領導者的責任，想辦法讓飛輪步上正軌。不管你從事哪一行，你的公司規模是大或小、營利或非營利，你是執行長或單位主管，問題在於：你要怎麼做才能夠轉動飛輪？

你可以在社會運動與運動競賽常勝軍身上看到飛輪效應；也會發現搖

滾天團與偉大電影導演所展現的飛輪效應；在贏得選舉的競選活動與勝利捷報不斷的軍事組織中，飛輪效應時有所見；飛輪效應也常出現在最成功的長期投資者與最有影響力的慈善家身上；而在最受敬重的記者與最暢銷的作家身上也能看到飛輪效應的展現。仔細觀察任何一間永續經營的企業，你大有可能發現正在運行的飛輪，即便一開始很難發現它的蹤跡。

引爆靈魂的音樂節

在進入下一個討論改變與延伸飛輪的方法之前，我要說明一下飛輪理論可以應用的範圍有多廣，例如極具創意的非營利活動「歐海音樂節」（Ojai Music Festival），這個音樂節由世界最頂尖的音樂家與作曲家參與演出，每年聚在一個地方策畫出一場場音樂探險之旅。

歐海音樂節飛輪迴圈的第一步，首先是吸引不會墨守傳統且特別有天分的音樂家加入。每一年的音樂策展主席都由不同的音樂總監負責，從早期的俄羅斯作曲家伊果．史特拉汶斯基（Igor Stravinsky）、法國作曲家皮耶．布列茲（Pierre Boulez），到當代的小提琴家帕特里夏．科帕欽斯卡雅（Patricia Kopatchinskaja）、印度裔美國鋼琴家維杰．艾耶（Vijay Iyer），每一位音樂總監都帶來各自獨特的才華，充滿火花的創意讓每一次的音樂節都煥然一新。那像是把音樂節化為一張空白的畫布，不限主題地接受任何挑戰，唯一的要求就是要畫出創世巨作。

只是這個巨作不是用畫的，而是由一場音樂體驗所組成，沉浸其中的除了音樂家，還有聽眾。「歐海音樂節之所以能引來打破陳規的優秀音樂家一同參與，有兩個主要原因，」擔任音樂節藝術總監將近二十年的湯姆．莫里斯（Tom Morris）說，「第一，能與其他音樂家切磋演出令人興奮；第二，他們活力充沛是因為我們放手讓他們展現創意。歐海音樂節就像一個巨大的玻璃雪花球，你使勁搖晃它，然後看看會從中湧現什麼。」

歐海音樂節飛輪的下一步來自一項嚴格的限制：音樂節只進行四天，不多不少。所有超凡的創意、雪球般紛飛的點子，通通都得塞進緊湊的節目單裡。大多數的想法創意（其中有許多超厲害的點子）都必須在最後一天結束時戛然而止。但也因為這樣的限制，我們得以全力專注於重要概念，也就是能讓飛輪環節各自到位的因果關係，包括從創造力的瘋狂發想到提升社區支持度。「我們不想只是喚起有欣賞能力的觀眾的反應，」莫里斯解釋說：「我們想要『激起』觀眾熱情的『回應』。」

莫里斯告訴我們一個實際發生的故事，有一位當地民眾從未參加過音樂節，因為他不喜歡「那種音樂」。但有一天，這位民眾剛好走進音樂節一場占地廣闊、名為「因努伊特石堆群」（Inuksuit）❹的表演，這首曲子由

---

❹ 因努伊特石堆是北美洲北極圈（從阿拉斯加、加拿大北部到格陵蘭）常見的人造石堆，由當地數個原住民族群堆疊而成，可能是用來在苔原上指引方向或標示地點。

約翰・路德・亞當斯（John Luther Adams）創作，需要九到九十九位打擊樂器演奏者參與演出。說這位民眾「走進表演場地」，並不是指他走到表演廳的後台，離舞台上的交響樂團還很遠；他真的是「直接走到表演當中」，因為當時所有的表演者四散在公園各處，有的在樹林裡，有的在小徑上，「身處其中」的觀眾被四面八方的聲音所環繞，合奏的樂器有筒鼓、鈸、三角鐵、鐵琴、汽笛、短笛，以及其他各式各樣的鼓。音樂從微弱逐漸增強到千軍萬馬之姿，又慢慢減弱至曲終的靜默，然後無縫接軌地由四周樹梢上漫天巨響的吱喳鳥叫聲給取代。當演奏者規律地在公園裡移動演奏地點時，如果遇到觀眾也在附近閒晃遊蕩，有的演奏者還會乾脆爬到樹上，這樣一場開放性的表演，把所有人都收納進來了。飛輪一環扣一環地順利運轉著，曾自稱「不喜歡那種音樂」的挑剔民眾，發現自己被這樣的經驗給深深震懾住，搖身一變成為歐海音樂節的忠實支持者。

莫里斯與他的共事者都知道，最熱中投入的觀眾不是想要「美好的聆

圖 1.6

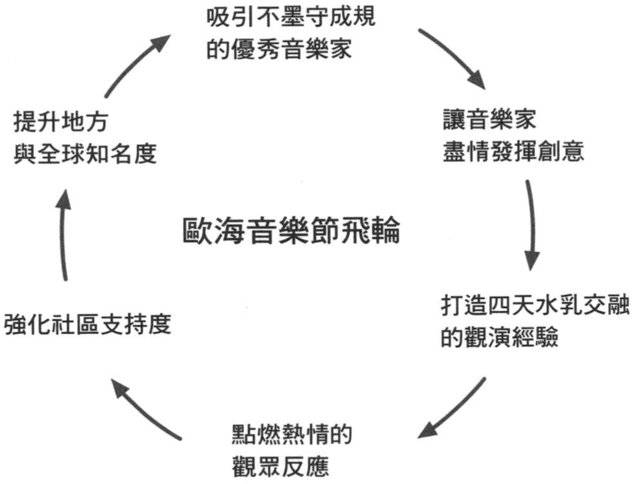
吸引不墨守成規的優秀音樂家
讓音樂家盡情發揮創意
打造四天水乳交融的觀演經驗
點燃熱情的觀眾反應
強化社區支持度
提升地方與全球知名度
歐海音樂節飛輪

聽時刻」，然後聽完就算了；他們要的是參與感、深受啟發，同時樂於接受到挑戰與驚喜，他們想要擁有被震攝的體驗，淹沒於撲天蓋地的感受。這些觀眾希望從一場顛覆性的音樂經驗中有所成長，讓靈魂就此被點燃，受到衝擊的情緒感受久久不散。

只要音樂節做到以上這些目標，飛輪就會持續運轉，為提供動力資源的引擎添柴加油。歐海音樂節的讚譽逐漸累積，吸引下一波充滿創意的新進優秀音樂家加入，再度創造一次成功的音樂節，讓飛輪始終保持嶄新。

追求進步的驅動力和核心理念一樣，是一種發自內心的強烈衝動，
不會等待外界說「該是改變的時候了」或「該是改善的時候了」
或「該是發明新東西的時候了」，才開始追求進步。

——摘自《基業長青》第四章

飛輪的執行與創新

在飛輪的應用上，

你必須完全擁抱「兼容並蓄」的概念，

不僅「維持」飛輪運轉，

也要「更新」飛輪本身的要件。

當你徹底了解飛輪之後，接下來需要做的就是如何才能加速它的動能。飛輪的基本精神（取決於正確的順序與缺一不可的環節）意謂著：你無法讓任何一個基本環節崩壞卻又能維持動能。這樣想吧，假設你的飛輪有六個環節，你得從一到十來評價每個環節的表現。如果你的執行表現結果分別是九分、十分、八分、三分、九分和十分，那會發生什麼事呢？整個飛輪會在評價只有三分的環節中停擺。為了再度取得動能，你需要把三分的表現拉高到至少八分。

如果確切理解並執行飛輪，它就會產生延續力並發生改變。一方面，你需要耐心推動你的飛輪，時間長到足夠讓它達到複利效應。另一方面，為了使飛輪持續運轉，你得要不斷地更新，並改善每一個環節。

在《基業長青》中，傑瑞・薄樂斯（Jerry Porras）和我觀察到，卓越不墜的企業創立者拒絕成為「非此即彼」的人（也就是對事物的觀點非黑即白，而不是皆有可能）。相反的，他們在「兼容並蓄」的觀念中解放自己。與其二擇一，他們找到魚與熊掌兼得的方式。在飛輪的應用上，你必須完全擁抱「兼容並蓄」的概念，不僅「維持」飛輪運轉，也要「更新」飛輪本身的要件。

從找到對的人開始

克里夫蘭醫學中心（The Cleveland Clinic）之所以能成為世界首屈一指的醫療機構，就是因為它在飛輪裡貫徹「兼容並蓄」的精神——持續不懈並且彈性變化。克里夫蘭醫學中心在創立一開始，它的飛輪就立下根基。當時有三位醫生在第一次世界大戰服役，深受軍隊團隊合作的啟發。當你必須照顧從戰場上運送回來的士兵時，你不會問：「嘿！這次我的醫療補償可以拿到多少？我可以因為照顧這個人拿到獎金嗎？」你會和同事們肩並肩地一起工作，各自使出看家本領，團結一氣，想辦法盡可能地醫治更多的士兵，把他們送回所愛的人身邊。

這三位醫師基於切身經驗，發誓要在戰後建立一個與眾不同的新式醫療機構，一個所有人員都會完全以病患健康福祉為己任、並且充滿高度合作文化的地方。

克里夫蘭醫學中心從成立開始，就致力於招募願意以支薪方式工作的頂尖醫師，而不是以病患人數或手術次數來獎勵，因為主要激勵他們的是與世界頂級團隊一起工作，同心協力達成唯一目標，也就是「只做對病人最好的事」。

克里夫蘭醫學中心的飛輪從找到對的人開始，創造為病患解決問題的工作文化，如此一來就會吸引更多的病人，建立起動力引擎，然後經過重

圖 1.7

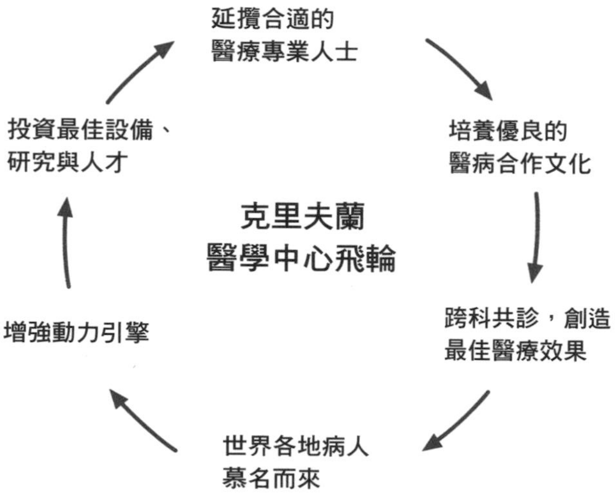
延攬合適的
醫療專業人士
培養優良的
醫病合作文化
跨科共診，創造
最佳醫療效果
世界各地病人
慕名而來
增強動力引擎
投資最佳設備、
研究與人才
克里夫蘭
醫學中心飛輪

新配置後，就能提高醫療水準，繼而吸引更多想法一致的優秀醫療人員加入推動飛輪的行列。

創造最佳醫療體系

二〇〇四年，托比．寇斯葛洛夫醫師（Dr. Toby Cosgrove）成為克里夫蘭醫學中心的執行長，對於飛輪模式的精神與邏輯瞭若指掌。他年輕的時候當過軍醫，越戰時曾經被派去負責一家醫院；如同克里夫蘭醫學中心的三位創辦人，他當時在戰場上學習到如何團隊合作，以及如何驅動不同背景、不同技術的人一起合作，共同面對傷兵不斷湧入的混亂狀況。一九七五年，他以心臟外科醫師的身分加入克里夫蘭醫學中心，心臟科團隊在他的領導之下，成為《美國新聞與世界報導》（*U.S. News & World Report*）評鑑第一名。

然而，就算一切如此成功，寇斯葛洛夫意識到，克里夫蘭醫學中心必須再次聚焦於「病患優先」的主張。於是，他向自己和同事們提出挑戰，指出為了提供病患更好的服務，他們需要做什麼改變、提升與創造。例如，他們了解到，以技術能力（手術、心臟病學等等）所建立的舊式醫療結構，會偏好傳統的醫療方式，較不重視對病患最好的垮領域合作模式。因此，他們掀起一場結構性改革，創造出以病患需求為主的工作體系，米勒家族心血管中心（MIller Family Heart & Vascular Institute）就是一個例子，那裡聚集了一群來自各種專業領域的醫師一起協力工作。

寇斯葛洛夫在其著作《翻轉吧醫院》（*The Cleveland Clinic Way*）中詳列了為了更新飛輪所做的無數改變，變動有大有小，有策略性也有戰術性，有結構性也有象徵性。

從二〇〇四到二〇一六年，這個飛輪獲得無敵巨大的動能成就，不管是獲利、到院病患人數還是研究資金，都翻倍成長了。那時，克里夫蘭醫學中心透過不斷成長的網絡連結，把品牌從俄亥俄州擴散到佛羅里達州成立分院，甚至延伸到中東的阿布達比。他們更新了飛輪的每一個要件，而非放棄整個飛輪。「老實說，它還是原來的飛輪，」寇斯葛洛夫說，「我們只是重新讓它恢復活力，變得更強大。」

飛輪要是失去動力、停滯不動，有兩個可能的原因。第一種可能的原因：飛輪的基礎沒有問題，但你沒有巧妙地改革並執行每一個環節；此時的飛輪需要再度被活化。第二種可能的原因：飛輪的基礎結構已經不符合現實所需，必須進行某種大規模的改變，此時最迫切的是需要好好對症下藥。

飛輪的危機

在運轉了好長一段時間後（好幾十年），飛輪可能會有顯著的進化。

你也許會更換、刪除某些要件，或修改它們；你也許會限縮或擴增某個要件的規模；也可能會調整要件之間的順序。當你發現或創建了一個截然不同的工作項目或新事業時，飛輪就會在一連串的革新之後發生改變。有時候是你的飛輪受到存續的威脅，而你正處於「面對殘酷事實」與進行「建設性偏執」的過程當中。舉例來說，有一家公司以向數百萬人收集個資作為營運模式，當發現數據外洩而使他們的飛輪模式產生危機時，營運高層意識到，他們得在飛輪中插入一個新組件，用來保護隱私安全並贏得信任。儘管飛輪的其他組件保持不變，但少了這個重要的新組件，這家公司很有可能隨時從市場上消失。

也就是說，如果你不得不經常為飛輪進行基礎性的改變，不管是改變要件順序或新增、移除某些要件，你很有可能在一開始的時候就沒有把飛輪建立好。一個卓越的飛輪會停擺，很少是因為失去潛力或基本架構出了問題。通常飛輪動會熄火的原因不是執行力太差，就是（或以及）沒有更新或拓展原本基礎健全的飛輪。至於要如何拓展飛輪，就是我們接下來要討論的。

費茲傑羅說：「一流人才的一大考驗就是能否堅信兩種完全相反的想法，同時還能讓腦子正常運作。」高瞻遠矚公司正好就有這樣的能力。

——摘自《基業長青》第二章

拓展飛輪

卓越公司通常一開始會投入巨大的資金，
在某個特定的商業領域中脫穎而出。
但他們的觀念已經從「經營一種事業」
轉變成「推動一個飛輪」。
他們藉由發射子彈來延伸飛輪，然後才發射砲彈。

卓越的公司是如何拓展他們的飛輪？答案就在我與同事莫頓・韓森（Morten Hansen）於《十倍勝，絕不單靠運氣》一書中所發展出的一個概念。在高度波動的產業中，我們曾有系統地研究了有些小公司為什麼能夠成為十倍勝的贏家（指在該產業表現突出，投資報酬率超過十倍），在相同環境下的其他公司卻做不到。我們發現，雙方同樣都都投入巨額投資，但方式非常不同。十倍勝公司會在投下大筆資金之前，先以實證分析方法確認這樣的投資是否值得，對照公司則傾向在實證分析之前就率先擴大投資。於是我們創造了「先射子彈，再射砲彈」的概念，來描述兩者的差異。

不確定性中的避險做法

「先射子彈，再射砲彈」的意思是：想像一艘充滿敵意的船艦正全力朝你駛來。你擁有的火藥數量有限，決定全用來發射一枚砲彈。那枚砲彈發射出去卻落入海中，沒打中那艘持續朝你而來的船艦。你忙著查看彈藥庫存，發現火藥全都用光了，這下麻煩大了。

但假設另一種情況：你看見那艘船艦疾速駛來，你先拿一點火藥發射一顆子彈，結果那顆子彈距離目標差了四十度，沒能命中。你又發射另一顆子彈，這次差了三十度。你繼續發射第三顆子彈，結果只差十度就能擊中目標。當下一顆子彈發射──砰！──命中了那艘船艦的船身。你透過仔細校正視線的實證分析法，用最後剩下的所有火藥，沿著剛剛調校過的方向角度射出一枚砲彈，結果精準地擊沉敵船。

綜觀所有研究過的卓越公司，我們發現一個常見型態。他們通常一開始會投入龐大資金，在某個特定商業領域中脫穎而出。但很快的，他們的觀念從「經營一種事業」轉變成「推動一個飛輪」。隨著時間，他們藉由發射子彈來延伸飛輪，然後才發射砲彈。他們在第一次競爭勝出時一邊轉動飛輪，一邊發射子彈，找尋可以進一步發展的新事物，也是因應不確定性的避險做法。

有些子彈沒有命中任何目標，有些子彈卻能提供足夠的實證分析，讓這些公司得以發射砲彈，獲得威力強大的動能。在某些案例中，這些延伸業務成了飛輪動力的主要供應源，而在少數案例中（例如英特爾從記憶晶片轉到微處理器），這些延伸業務反而成功地取而代之、成為主力。

蘋果公司（Apple）飛輪的延伸正是依循這個型態，找到最賺錢的事業，即「智慧型手持裝置」。二〇〇二年，蘋果的飛輪動能幾乎全來自於旗下的麥金塔個人電腦事業，但它發射出一顆子彈，命中一個稱為 iPod 的小小東西，在二〇〇一年的公司年度財報，iPod 被簡單地描述成蘋果個人電腦策略中「重要且自然的延伸物」。到了二〇〇二年，iPod 的產值占總產值還是不到三%。蘋果公司持續對 iPod 發射子彈，同時發展線上音樂商店（iTunes）。此時，子彈繼續發射，iPod 也不斷地為飛輪加入動能，然後蘋果終於發射出一枚大砲彈，把一大筆資金投注在 iPod 與 iTunes 上。其後，蘋果持續將飛輪延伸發展出去，從 iPod 到 iPhone，再從 iPhone 到 iPad，蘋果飛輪的延伸部分成了最大的動力製造機。

第二座飛輪

我從企業歷史中整理出一份清單，這些公司都是表現優異的飛輪延伸實例（請見表 1.1）。每一個案例都依循「先射子彈，再射砲彈」的方法，拓展已經運行多年的飛輪基礎，並且讓它加速飛奔。

在什麼樣的時機點，這個新業務項目會從原本飛輪的延伸物，成為獨立的第二座飛輪？大部分的第二座飛輪似乎出現得很自然，來自於第一座飛輪的「先射子彈，再射砲彈」的延伸結果。亞馬遜及旗下的亞馬遜雲端

表 1.1

公司名稱	卓越飛輪的崛起	卓越飛輪的成功延伸
3M	研磨產品（如砂紙）	黏合產品 （如 Scotch 膠帶）
亞馬遜	為個人提供 網路零售服務	為企業提供雲端服務
安進（Amgen）	貧血症的治療藥物	炎症與癌症的治療藥物
蘋果	個人電腦	智慧型手持裝置 （iPod、iPhone、iPad）
波音（Boeing）	軍用航空機	商用噴射機
IBM	計算用打孔卡片製表機	電腦
英特爾	記憶體晶片	微處理器
嬌生 （Johnson & Johnson）	醫療手術用品	消費型保健產品
克羅格（Kroger）	小型雜貨店	大型超市
萬豪（Marriott）	餐廳	飯店
默克（Merck）	化學產品	藥品
微軟（Microsoft）	電腦語言	作業系統與應用軟體
諾德斯壯（Nordstrom）	鞋店	百貨公司
紐可鋼鐵（Nucor）	鋼梁	鋼鐵製造加工
進步保險 （Progressive）	非標準（高風險）車險	標準車險
美國西南航空 （Southwest Airlines）	廉價州內航空 （限德州）	廉價洲際航空（全美）
史賽克（Stryker）	醫用床	手術設備
迪士尼（Walt Disney）	動畫影片	主題樂園

運算服務（Amazon Web Services）就是這個歷程的極佳案例，不管公司大小，都能便捷地付費使用亞馬遜雲端運算服務提供的運算能力、儲存資料庫、網站託管及其他技術服務。亞馬遜雲端運算服務原本只是一個內部系統，用來技術支援亞馬遜自己的電子商務需求。二〇〇六年，亞馬遜發射第一顆子彈，提供外部公司非常類似的服務。這顆子彈命中紅心，讓亞馬遜獲得足夠動力發射砲彈。十年後，亞馬遜雲端運算服務（當時它在亞馬遜總銷售淨額的貢獻不到一〇%）為亞馬遜的營收帶來相當可觀的進帳。

一開始，即便亞馬遜雲端運算服務看起來與消費零售業八竿子打不著，但兩者有極高相似性。貝佐斯在二〇一五年的年度報告寫給股東的信中說：「表面來看，這兩者如此南轅北轍。一個是服務消費者，另一個是服務企業……其實這兩者根本沒什麼不同。」亞馬遜雲端運算服務的目標，在於提供售價更低、更多樣化的服務產品，給日漸茁壯的菁英顧客群，藉此增加每單位固定成本的回收利潤，然後就能驅動飛輪再次前進。

它的整體概念是：企業在技術支援方面的需求與滿足理應感到輕鬆又划算，一如消費者在亞馬遜選購個人用品。當然，這兩個事業在運作上是不同的，但兩者的關係比較像是雙胞胎手足，而不是血緣迥異的兩個陌生人。

每一個大型組織終究擁有好幾個運轉中的次要飛輪，彼此間略有差異。但為了達到最大動能，所有的次要飛輪必須在同一基礎邏輯下和諧運作，並且各自應該在適切位置對公司整體有所貢獻。

最重要的是，要以充沛的創意與貫徹的紀律持續推動大飛輪——確保每一個環節與次要飛輪都運行無虞。即便亞馬遜雲端運算服務一開始的成長與收益性就表現顯著，貝佐斯仍抱持最初的想法，堅持亞馬遜的消費零售事業必須一如創立時那樣充滿朝氣與活力。畢竟，就算亞馬遜的年收入逼近兩千億美元，但在全球零售市場的占比還不到一％。

成功的重大冒險或許看起來像是一次創造性的突破，
但其實成功的產品乃是經歷了實證為依據、一步步調整改進的過程，
而不是單靠高瞻遠矚的天才就能成事。
——摘自《十倍勝，絕不單靠運氣》第四章

持續轉動飛輪，避免衰敗

一度輝煌的卓越企業
之所以會毫無意識地陷入自我毀滅，
最大的原因就是他們沒有遵守飛輪原則。
缺乏這樣的認知，
便失去躍進轉型的契機。

由勝轉衰五階段

在研究一度卓越的企業為什麼砰然倒下時，我們發現這些企業背棄了一開始讓他們卓越的關鍵原則。他們讓錯誤的領導人擁有權力，遠離「先找對的人」的原則，沒有做到「讓對的人上車」。他們不願面對殘酷的現實。他們偏離刺蝟原則的三個圓圈，反而投入那些永遠無法讓他們再度致勝的行動。他們開始不守紀律，變得官僚。他們的核心價值崩壞，失去初心。這些一度輝煌的卓越企業之所以會毫無意識地陷入自我毀滅，最大的原因就是他們沒有遵守飛輪原則。

在《為什麼 A⁺巨人也會倒下》的研究報告中，我們發現企業由盛轉衰的五個階段是：

第一階段：成功之後傲慢自負；

圖 1.8　企業由盛轉衰的五個階段

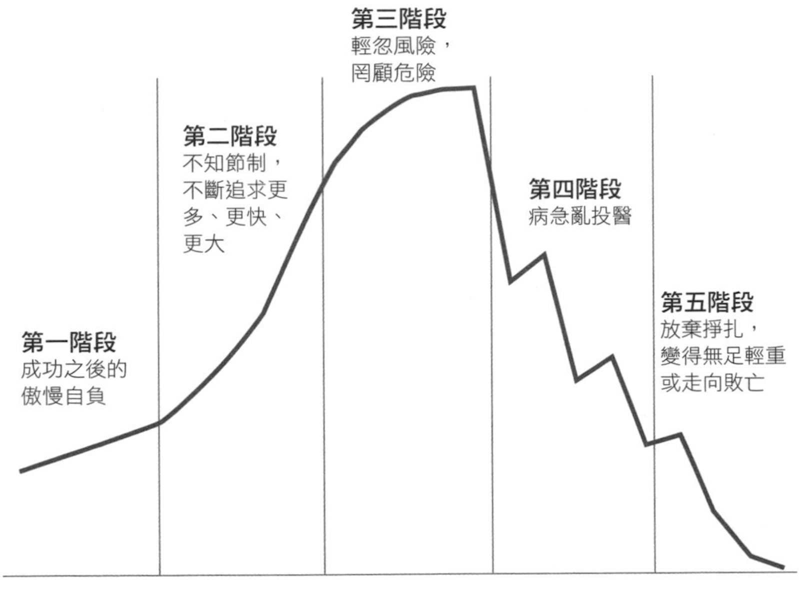

第二階段：不知節制，不斷追求更多、更快、更大；

第三階段：輕忽風險，罔顧危險；

第四階段：病急亂投醫；

第五階段：放棄掙扎，變得無足輕重或走向敗亡。

請特別留意第四階段「病急亂投醫」。當一家企業陷入第四階段時，他們等於向命運環路屈服，與「累積飛輪動能」背道而馳。他們找來魅力型領導人、採取未經檢驗的策略、展開企業文化大革命、進行扭轉乾坤的收購行動，同時採用多項變革技術、推動激進的組織重組，一個接一個，沒完沒了……你懂我在說什麼。

在第四階段，每一次的病急亂投醫都會帶來一時的希望與短暫的動能。但由於沒有基礎飛輪作為支撐，這份動能無法持續。而每一次的胡亂找偏方都是在消耗企業成本，包括財務成本、文化成本、股東成本，企業整體也變虛弱。如果再不回歸飛輪的紀律，情況就會持續惡化，捲入第五階段的漩渦。沒有任何企業能從第五階段生存下來，於是最後曲終人散。

錯誤的行動

我們曾在《從A到A+》研究過的電路城（Circuit City），後來在《為什麼A+巨人也會倒下》也「占了一席之地」，它的倒閉為我們上了一堂課，說明飛輪的重要性。

電路城從優秀到卓越的那些年，執行長艾倫．沃澤爾（Alan Wurtzel）受到「第五級領導人」概念的啟發，讓它一改慘澹的經營表現，一飛沖天，從原本有如大雜燴般的音響店，蛻變成運作系統高明的大型消費性電器商場，成為亮眼的超級明星事業，持續十五年所創造的投資報酬率遠超過股市大盤的十八倍。

但在沃澤爾卸任之後，電路城開始走下坡，起初速度還很緩慢，幾乎很難察覺，如同其他步入衰敗階段的企業一樣，然後突然加速下墜到第四階段，直抵第五階段，完全放棄求生，結束告終。

這到底是怎麼一回事？沃澤爾之後的領導團隊犯下兩個與飛輪原則相關的基本錯誤，足以解答絕大部分的疑問。

首先，他們為了追求下一個爆點而偏離主軸。電路城在尋求下一個業績成長的新契機時，同時預料全美國再也沒有適合開設分店的好地點了。就本身來說，這其實是件好事，如同亞馬遜持續追求推動飛輪的新點子。只不過，與貝佐斯領導的亞馬遜不同的是，電路城忽略了繼續穩固原本的消費型電器零售事業，沒有保持市場靈敏性。在此同時，一家名為百思買

（Best Buy）的新興同業競爭者搶占了市場。

其次，這也是電路城由盛轉敗的最根本教訓，沃澤爾之後的領導團隊低估了飛輪帶領前進的可能性，沒有看出飛輪其實是一種基礎運作結構（具有延展的特性），而不只是單一事業生產線的做法。電路城的最大悲劇在於它確實開展了一項了不起的延伸事業，稱為 CarMax，其績效原本應該可以提供至少二十年以上的運轉動能。CarMax 背後的原理與沃澤爾為原本的音響店所做的轉型如出一轍，也就是將二手車買賣事業專業化，讓原本充滿大雜燴感的二手車行，蛻變成優良品牌集團下運作精良的超級賣場。

電路城發射的第一顆子彈，就是位於維吉尼亞州瑞奇蒙市的 CarMax 門市。該店相當成功，所以電路城又發射第二顆子彈，在北卡羅萊納州的羅里市開了第二家分店，表現也相當亮眼。接下來，它一口氣發射了兩顆子彈，在喬治亞州的亞特蘭大市開了兩家分店。由於手上握有有效的實證分析數據，電路城發射了一枚砲彈，開設 CarMax 超級賣場，並且到處拓展版圖，包括佛羅里達州、德州、加州，甚至更多地方。二十一世紀初期，CarMax每年成長近二五％，在二〇〇二年創造出超過三百萬美元的獲利銷售成績。

被拋棄的飛輪

現在暫停，思考一下：CarMax的成功是如何預示出電路城的衰敗？明明電路城已經為自己的飛輪創造出CarMax這個全新、壯觀的延伸事業，能夠為飛輪提供好幾年的額外動能。發展出CarMax這個延伸飛輪的電路城，原本可能與其他成功案例並駕齊驅，像是從個人電腦發展到智慧型手持裝置的蘋果公司、從軍用螺旋槳轟炸機延伸到商用噴射客機的波音公司、從餐廳開到飯店的萬豪酒店、從動畫影片拓展到主題公園的迪士尼。而且，倘若消費型電器大賣場的營運無以為繼，電路城還可以重新部屬，將資源全數投入CarMax二手車事業（類似英特爾從記憶體晶片轉至微處理器的模式）。但是要能如此成功轉型，必須靠智慧清楚認知到，CarMax其實是基礎飛輪結構的延伸。

遺憾的是，沃澤爾之後的領導團隊決議，CarMax超級賣場應該從電路城切割出去，成為獨立的公司。這就好像如果英特爾在一九八五年決定放掉微處理器事業、保留記憶體晶片事業，遭排擠出去的微處理器事業體很有可能已經成功，但英特爾或許會從市場上消失。幸好，英特爾的葛洛夫與摩爾擁有精準的策略敏銳度，清楚看見微處理器事業其實延伸自原本的基礎飛輪模型。電路城缺乏這樣的認知，失去躍進轉型的契機。

一如沃澤爾在其著作《從A到A⁺到死當》（*Good to Great to Gone*，我誠心推薦各位閱讀這本書）中寫道：「長遠來看，沒有繼續把CarMax留在電路城企業組織裡，是一件令人失望的事……CarMax的初始設定是用來建立一種零售公司的代表作，所以當一家成熟運作時，其他家也會跟進，成為整體成長的支柱。」沃澤爾清楚認知到，CarMax 是大飛輪的其中一部分，但在他之後接管公司的人卻不懂得這個道理。

如果電路城有繼續更新進化它的消費性電器大賣場（就像百思買所做的），並且持續將基礎飛輪拓展到新的產業競技場（例如 CarMax），那麼它有可能依然是一家卓越公司，穩健地向上成長，成為標普五百的企業之一。相反的，電路城失去了它所有的飛輪動能，搖搖晃晃地駛向一個接一個衰敗階段——墜落、墜落、不斷地墜落至死亡漩渦，直到被吞噬殆盡。這家一度從優秀晉升到卓越的公司，在二〇〇八年冬天如煙般消失，成為絕響。

失敗，其實是一種心智狀態；真正的成功，乃是無休無止地跌倒之後，再重新爬起來。

——摘自《為什麼 A⁺ 巨人也會倒下》結語

歷史的定論

把創造力與紀律充分運用在飛輪的每一圈，
投注的強度應該要與當初開始推動飛輪第一圈那般強烈。
如果你能做到，你的組織不僅能從優秀躍升到卓越，
並且持續不墜，基業長青。

在經歷二十五年探討卓越公司致勝關鍵的研究之後（資料庫中所累積的各家企業歷史，林林總總加起來超過六千年），我們得到一個清楚的定論。最大的贏家就是能夠推動飛輪十圈後，持續推向一百萬圈；而不是推完十圈後另起一個新的飛輪，又從頭推動十圈，只為了將能量轉移到其他的新飛輪，然後又轉去下一個。

當你的飛輪可以轉到一百圈，就繼續推到一千圈、一萬圈、十萬圈，努力不懈地推動它，直到除非你能清楚判斷，決定捨棄這個飛輪。無論是徹底退出或持續更新改造，最萬萬不可的就是對你的飛輪視而不見。

把你的創造力與紀律充分運用在飛輪的每一圈，投注的強度應該要與你當初開始推動飛輪第一圈那般強烈，毫不停歇、堅定確實地累積動能。如果你能做到，你的組織將不會是另一個「倒下的A⁺巨人」，而是晉身成功的少數，占得一席之地，不僅從優秀躍升到卓越，並且持續不墜，基業長青。

附錄

整體架構中的飛輪

從優秀到卓越的地圖指南

判定一個組織是卓越或平庸時，
「紀律」是一個指標。
當你擁有一群有紀律的員工，就不需要層級制度的管轄；
當你具備有紀律的思考時，就不需要官僚制度的約束；
當你有紀律的行動時，就不需要過度的掌控；
當你結合強調紀律的文化與創業精神，
你就創造出強而有力的綜合體，發揮卓越的績效。

我在《從A到A+》第八章分享飛輪效應之後的這幾年，對於飛輪原則有愈來愈具體的想法，本書的目的就是要分享這些實用的洞見。

我之所以決定寫這本書，是因為我親眼見識到，如果能充分理解並按部就班地執行飛輪，它在各領域都能產生巨大的力量，像是公營企業與私人公司、大型跨國事業與小型家族事業、軍事組織與專業運動團隊、學校系統與醫療中心、投資公司與慈善團體、社會運動與非營利組織。

然而，單就飛輪效應本身，並不足以讓一個組織變得卓越。我們花了超過二十五年的時間探究卓越企業的致勝原因，發現他們都擁有由數個原則所組成的概念架構，而飛輪就是整體架構的一部分。飛輪正適合這樣的架構。我們使用嚴謹的配對組合研究方法，在同樣的條件狀況下，比較為什麼有些公司會變得卓越，有些卻沒有，這些原則就是我們抽絲剝繭之後的成果。透過有系統地分析對照組公司的歷史，我們問的問題是：「如何解釋這樣的差異？」（請見圖1.9「從A到A+配對組合研究方法」。）

圖 1.9　從 A 到 A⁺ 配對組合研究方法

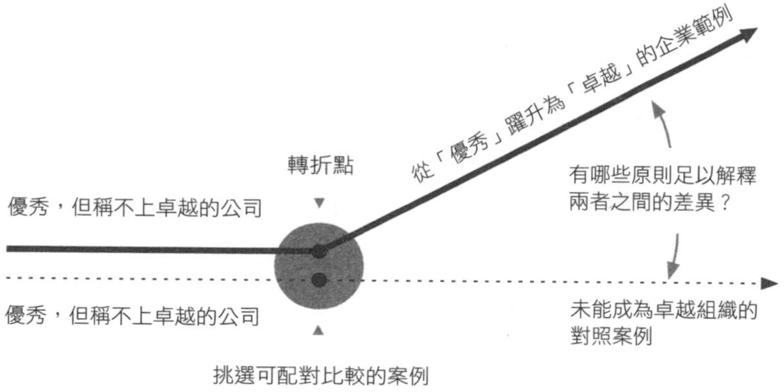

我與研究同事沿用歷史悠久的「配對組合研究方法」於四項主題計畫，所產生的結果分別收錄在《基業長青》（與傑瑞．薄樂斯合著）、《從A到A^+》、《為什麼A^+巨人也會倒下》、《十倍勝，絕不單靠運氣》（與莫頓．韓森合著）這四本書。我們也將這些原則延伸到商業組織以外的研究，因此出版了《從A到A^+的社會》。

在判定一個組織是卓越或平庸時，「紀律」是一個指標，這個重要的主題貫穿了我們所有的研究結果。真正的紀律要求心智的獨立性，遇到不符合價值觀、工作標準、長程目標時，能夠抵抗壓力、拒絕臣服。紀律的唯一合理形式就是自律，不管形勢多麼險惡，都能不計代價地努力，以求得到最好的結果。當你擁有一群有紀律的員工，就不需要層級制度；當你具備有紀律的思考時，就不需要官僚制度；當你有紀律的行動時，就不需要過度掌控；當你結合強調紀律的文化與創業精神，你就創造出強而有力的綜合體，發揮卓越的績效。

不管是在商業或社會服務領域，要打造持續卓越的組織，你需要有紀律的員工進行有紀律的思考、採取有紀律的行動，產生超凡的成果，並對世界造成顯著影響。接著，你需要用紀律維持長時間的永續動能，為持續不墜的續航力打下基礎。紀律造就整體架構的主幹，串連四個基本階段：

第一階段：有紀律的員工

第二階段：有紀律的思考

第三階段：有紀律的行動

第四階段：永續不墜、基業長青

每一個階段都包含兩、三個基礎原則，而飛輪原就正好位在「有紀律的思考」與「有紀律的行動」之間的定軸點上，處於整體架構的正中心。在接下來的篇幅中，我會針對每個原則提供簡短的說明。

第一階段：有紀律的員工

第五級領導

第五級領導人展現出強烈的雙重特質：宅心仁厚、意志堅強。他們有無比的雄心壯志，但他們旺盛的企圖心都會在第一時間且全心全力投注於公司的前途上，而不是滿足自己。第五級領導人有著各式各樣的個性，他們通常十分謙遜、沉靜、矜持，甚至害羞。在我們的研究裡，每一個從優秀躍升卓越的轉變，都是從擁有第五級領導人開始，他們以追求高標準來激勵員工，而不是以個人魅力來帶領公司。第五級領導的概念首次出現在《從A到A+》這本書，在《從A到A+的社會》中更臻成熟。

先找對的人，再決定做什麼——選對的人上車

把公司從優秀帶向卓越的企業領導人會先找到對的人上車（讓不適合

的人下車），然後弄清楚巴士要開往哪個方向。他們總是想著「先找到對的人」，然後才是「該做什麼事」。面對瞬息萬變的世界，你無法預測接下來會發生什麼事，最好的「策略」就是擁有一整車對的人，不管遭遇任何狀況，他們都能聰明地應對局勢並且付諸行動。光有卓越的願景卻沒有卓越的人才是成不了事的。我們在《從A到A$^+$》開始分享這個概念，完整內容請見《從A到A$^+$的社會》。

第二階段：有紀律的思考

兼容並蓄的精神

卓越企業的建立者拒絕「非此即彼」的態度，而是採取「兼容並蓄」的精神。他們同時擁抱各種面向的兩個極端概念，例如創意與紀律、自由與責任、面對殘酷事實與永不放棄信心、實證分析與決斷行動力、風險控管與鉅額投資、建設性偏執與大膽願景、企業目的與營銷利潤、持續與改變、短程目標與長程目標。這個概念首次出現在《基業長青》的序文，更完整的概念請見《從A到A^+》。

面對殘酷現實——史托克戴爾弔詭

建設性的改變開始於當殘酷的現實迎面而來，你卻擁有紀律得以面對挑戰。領導企業從優秀邁向卓越的最佳思維框架就是「史托克戴爾弔詭」（Stockdale Paradox）：不管碰到多大困難，絕對堅信自己能獲得最後勝利，同時保持紀律，勇於面對你所遭遇的任何殘酷現實。這個完整概念在《從A到A^+》一書中有詳細說明。

刺蝟原則

刺蝟原則是一種單純、清楚的概念，源自於對下列三個圓圈的交集有深刻理解：一、你們對什麼事業充滿熱情？二、你們在哪些方面能達到世界頂尖水準？三、你們的經濟引擎主要靠什麼驅動？當領導團隊做決策時，都能堅守紀律地專注於符合這三個圓圈的規範，他們就能產生動能，大步邁向從優秀蛻變為卓越的那一刻。這部分的紀律不只是「做什麼」，同樣也包含「什麼不可以做」與「停止做什麼」。「刺蝟原則」的概念始於《從A到A+》，更完整內容請見《從A到A+的社會》。

第三階段：有紀律的行動

飛輪

無論最後的結果多麼戲劇化，打造卓越的企業絕非一蹴可幾。那絕不是靠一次決定性的行動、一項宏大的計畫、一個殺手級創新應用、一點點好運或一個神奇時刻，就能讓企業從優秀轉型成卓越。這個過程需要不斷地推動巨大、沉重的飛輪，一圈接著一圈，累積動能直到脫胎換骨，持久不墜。若要擴大飛輪效應，你需要徹底理解「專屬於你的飛輪」是如何運行。飛輪效應的概念首見於《從A到A+》，具體的實踐方式請參見《飛輪效應》。

二十哩行軍

在變動的世界中仍能保持成長的企業，會自我設定嚴謹的績效目標，毫不停歇地持續努力，就好像在一片不見邊際的大地上行軍，一天至少走上二十哩，不管天晴或下雨，每天都完成二十哩的目標。二十哩行軍的原則是在動亂中注入秩序，在混亂中注入紀律，在不確定性中保持一致性。對大部分的組織而言，要完成一次二十哩行軍的時程表可長可短，但通常一年內完成的效果會很好。不過，不管你的二十哩行軍的計畫時間有多長，你需要擁有短程專注力（這一循環必須達到目標），以及長期累積力

（後面的每一個循環都要達到目標，並且長達數年或數十年）。因此，二十哩行軍是「有紀律的行動」的進階版，它會強大地帶領組織達到脫胎換骨的績效表現，並且持續累積飛輪的動能。「二十哩行軍」的完整概念，請見《十倍勝，絕不單靠運氣》。

先射子彈，再射砲彈

實現創新的能力，例如把小型、可行的點子（子彈）變成巨大的成就（砲彈），可以提供突飛猛進的動能。首先，你發射子彈（低成本、低風險、低干擾的實驗性行動），搞清楚哪些行得通，例如先進行一些小型發射，逐漸校準你的路線。接著，一旦你經過實際驗證，就能在校準後的路線發射砲彈（將資源集中在更大的目標）。校準後發射的砲彈能創造驚人的成果，未經校準就發射的砲彈，則會引發災難。「先射子彈，再射砲彈」是拓展組織的刺蝟原則、延伸飛輪到全新領域最首要的行動機制，完整概念請見《十倍勝，絕不單靠運氣》。

第四階段：永續不墜、基業長青

建設性偏執

唯一能學到教訓的錯誤，是你能從中存活下來的那些錯誤。亂流中依然能保持航線正確、成功擊退衰敗的領導人，對於局勢的變化多端與劇烈震盪都了然於心。他們不斷地自問：「如果……會怎麼樣？」卓越的領導人面對威脅保持警覺與應變彈性，透過事前準備計畫、建立緩衝機制、拉大安全範圍、評估風險，並且不管時機好壞都嚴守紀律。建設性偏執能預防企業墜入會讓飛輪脫軌並摧毀組織的衰敗五階段。這五個階段包括：

第一階段：成功之後傲慢自負

第二階段：不知節制，不斷追求更多、更快、更大
第三階段：輕忽風險，罔顧危險
第四階段：病急亂投醫
第五階段：放棄掙扎，變得無足輕重或走向敗亡

「建設性偏執」的完整概念請見《十倍勝，絕不單靠運氣》；「企業由盛轉衰的五個階段」請見《為什麼A⁺巨人也會倒下》。

造鐘，而非報時

以深具領袖魅力、高瞻遠矚的風格領導公司（即凡事仰賴領導人決策的「眾星拱月模式」），這是報時；建立一個能經歷不同世代領導人的企業文化，這是造鐘。尋求單一個能帶來成功的卓越構想，這是報時；打造一個可以不斷產生卓越構想的組織，這是造鐘。讓公司能夠保持卓越的領導

人是造鐘人，而非報時者。對一個真正的造鐘人來說，成功的定義是企業不只是在一位領導人的任期內表現卓越，而是在下一世代領導人的帶領下進一步累積飛輪動能。「造鐘，而非報時」的完整概念請見《基業長青》。

保持核心／刺激進步

在持久不墜的卓越公司身上，可以清楚看見一種活力充沛的二元性。一方面，他們擁有可以傳承的永恆核心價值與核心目的（企業生存的理由）；另一方面，他們具備永不懈怠、追求進步的動力——變革、改善、創新、日新又新。卓越的公司會將（恆久不變的）核心價值和核心目的，與（隨時適應多變環境的）營運策略和文化措施區分開來。追求進步的強大動力通常體現於「膽大包天的目標」（Big Hairy Audacious Goal，簡稱BHAG），它會刺激企業發展出前所未有的嶄新能力。許多極佳的膽大包天目標都來自飛輪效應的自然延伸，當領導人想像飛輪所能企及何種夢想時，他們同時努力使那樣的夢想成真。「保持核心／刺激進步」的概念開始於《基業長青》，更完整的內容請見《從A到A^+》。

十倍勝

重要的不是運氣，而是運氣報酬率

最後，能將企業架構中所有其他原則放大加乘的，就是「運氣報酬率」了。我們的研究顯示出，卓越的企業基本上不會比對照組公司來得更幸運，他們並非獲得多一點好運或少一點壞運，也不是因為遇到比較重大的幸運事件，或者好運降臨的時機點比較好，反而是他們能獲得更高的運氣「報酬率」，比別人更能善用好運氣。關鍵問題不是：「你們會有好運嗎？」而是：「好運來臨時，你們要拿它怎麼辦？」倘若你能從一場幸運事件中獲得高報酬率，就能為飛輪帶來無與倫比的動能。相反的，如果壞運降臨時你毫無準備、無法招架，飛輪將會因此停擺，甚至崩解。這個概念的完整說明請見《十倍勝，絕不單靠運氣》。

卓越的成果

上述原則都是打造卓越企業所需要的方法，你可以把它們想成是一張用來打造卓越的公司或社會組織的「地圖」。不過，要用什麼樣的成就來定義卓越？重點不在於你如何達到卓越，而是知道卓越是什麼，也就是卓越的必要條件。以下是達到卓越的三個條件：出色的績效、獨特的影響力、恆久不墜。

出色的績效

在商業領域，績效是由財務結果（即投資報酬）與是否達成企業目的來定義；而在社會部門，績效則由社會使命的達成效果與效率來定義。然而，不管是商業領域或社會部門，你都必須做到第一流的表現。這麼說好了，如果你們是一支運動隊伍，就必須在比賽中拿下冠軍；如果你們不知道如何在參賽項目中贏得比賽，就不算是真正卓越的團隊。

獨特的影響力

真正卓越的公司會對它的社區做出獨特的貢獻，也由於它傑出專業的表現，如果有一天它消失了，這世上將難有其他機構能輕易地填補那個空缺。如果是你的公司消失了，誰會懷念它？為什麼懷念它？這和公司規模沒有關係；想像你家附近一間小巧精緻的餐廳如果歇業了，那會多麼可惜！大不一定就卓越，反之亦然。

恆久不墜

真正卓越的公司會超越任何偉大構想、市場機遇、技術週期或資金充裕的計畫，很長一段時間依然屹立不搖，繁榮興盛。一旦遭遇險阻，它會找到應對方法，愈挫愈勇，益發茁壯。真正卓越的企業不會只依賴單一領導人；如果你的組織沒有你就無法保持卓越，那就不是真正的卓越。

最後，我要特別提醒，千萬不要相信你的組織已經完成終極的卓越表現。追求「從優秀到卓越」，從來就是「沒有最好，只有更好」。不管我們已經走了多遠、創造了多少成就，我們只不過稍微接近下一步需要完成的目標。「卓越」本來就是一個充滿活力的進程，而不是一個安靜的終點站。一旦自以為登上卓越超凡的頂峰，那一刻你就已經開始走下坡，逐漸流於平庸。

特別企畫

台灣名家第一手實證與推薦

創造生生不息的運轉動能／**于為暢**

先有明確方向、常規，才有二十哩行軍／**林之晨**

無縫接軌，飛輪便能高速運轉／**游舒帆**

集大成武功祕笈／**程世嘉**

屹立不搖，還要堅如磐石／**愛瑞克**

轉動飛輪，永續奔騰／**楊斯棓**

要有不平凡成果，不見得要做不平凡事／**雷浩斯**

飛輪全面啟動，目標更快到手／**鄭俊德**

選擇持續進化的人生／ **Jenny Wang**

創造生生不息的運轉動能

于為暢（資深網路人、個人品牌事業教練）

二〇〇一年，柯林斯在他的商管經典著作《從A到A+》中提到「飛輪效應」（Flywheel Effect），許多企業就開始打造他們的飛輪，把它當做一個商業框架或準則，嘗試讓自己的「企業飛輪」轉動起來。這概念十分重要，重要到柯林斯特別把它獨立出來，在二〇一九年出版了一本這本小書《飛輪效應》，書中舉出七個案例，包括亞馬遜（Amazon）等企業和非營利組織，解析他們如何採用飛輪概念，順利地從A到A+。

環環相扣，良好循環

很多報導都講到飛輪，很多企管專家也會談這個主題，所以到底什麼是飛輪？和我們又有什麼關係？創作者或一人公司又該如何應用呢？

飛輪就是透過一個厚重的旋轉輪來增加動能，以提供整體機器的穩定性。由於飛輪很重，要從靜止狀態推動它是很困難的，然而一旦開始轉動，就會逐漸形成動能，最終使得飛輪能夠自行轉動，並漸漸加快循環，產生更多動能。以圖像來說，就好比蒸汽火車的輪子，一輪帶動一輪，愈轉愈快、愈轉愈快……

以亞馬遜來說，他們從一開始就堅定奉行「以客戶為中心」，所以從「客戶第一」開始反推回來制定營運目標，才會從網路書店到提供數億種商品的定位轉變。亞馬遜早期階段的飛輪是這樣運作的：更低的價格吸引更多顧客來買，更多的客戶增加了銷售量，並引來更多賣家想要上架，這讓亞馬遜在固定成本不變的情況下賺得更多，更高的毛利使其能進一步降低價格，然後引來更多客戶（回到第一步）。更厲害的是，給飛輪的任何一部分「加油」都會加速這個循環。而這就是飛輪的運作，每個階段都幫助了下一個階段，環環相扣，進入良好循環。

創作者的飛輪

企業如此，那麼創作者呢？根據我的觀察和經驗，一個粗略的「創作者飛輪」

大致如下：

一、持續學習：第一步是持續學習，這裡講的學習是「硬技巧」，例如程式、設計、烹飪、藝術、攝影、音樂等，擁有一項扎實的技能、一件讓你最有熱情參與的事。

二、磨練觀點：如果已經有五百個美食和旅遊網站，大家為什麼還要看你的？你有獨特的地方嗎？你的講話方式、立場、觀點有異於常人嗎？你有什麼獨一無二的故事或什麼難得的體驗嗎？

三、持續產出：這是最難的部分，因為在初期，發文頻率占第一、品質占第二，漸漸的，你的品質就會提升。

四、積極行銷：創作要被看見，自己要負全責。不要忽略行銷的重要性，你永遠可以再積極一點。

五、販售商品：包括數位或實體商品。因為你愛做這件事，所以必須賺錢，才能繼續做，而且做得更好。你得研發商品並賣出去，得以維生後才能持續學習、優

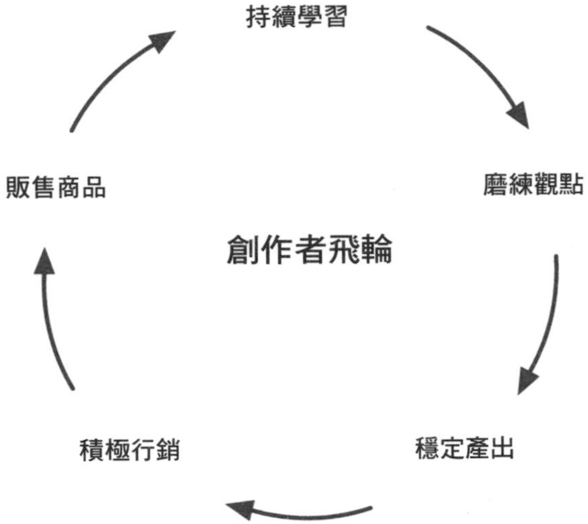
持續學習
磨練觀點
穩定產出
積極行銷
販售商品
創作者飛輪

化自己。

第一輪結束後進入第二輪，這一輪會比第一輪好，之後的每一輪都會更好，因為有賣商品。而有了更多錢，你就可以有更好的學習，培養出更好的觀點，有更多的時間穩定產出（不用擔心沒錢），更有錢去行銷（例如投放廣告），更有錢去研發商品（例如自創品牌），賺到更多錢……你的飛輪將愈轉愈快、愈轉愈順，無限循環下去。

從小輪開始

這個飛輪，或是創作者旅程，只是一個「粗略的公版」，因為創作者很多元，部落客、作家、YouTuber、音樂人都是創作者，但他們的飛輪都不太一樣。依個人企圖心的大小，愈大的飛輪（商業模式）當然要推動更久，不過一旦轉動起來也將帶來更大成就。

你可以先從小輪開始，在轉動時適時變大。舉例來說，個人工作室、自由工作者的飛輪有兩種，一種是幫客戶做專案，做得好就會吸引更多客戶來做專案，這是

「小輪」。另外一種也是幫客戶做專案，但轉動時把焦點放在自己身上，同時運轉到一個更大的飛輪上；你可以問你的客戶為什麼選擇你，把自己的專業完全分享出來，teach everything you know，包括每個專案的背後思考、工具應用、幕後花絮等，擴大你的觸及率和影響力，從幫客戶做專案到慢慢為自己建立品牌。

不管個人或企業，每項事業都要發展出自己的飛輪，就好比我們要發展出自己的漏斗一樣。但漏斗的概念與飛輪不同，漏斗是單向的路徑，篩選出客戶價值；而飛輪是循環，每轉一圈就增加動能，因為你的客戶滿意就會提供動力來推動其他客戶推薦和重複銷售，於是生意一直在轉，生生不息。

你需要不斷地嘗試，才有可能找到飛輪的組成部分。一旦找到就要專注，有用的繼續用、加碼用，將之變成日常工作。我們的飛輪代表了一個循環過程，在這個過程中，客戶需求增長，問題也會變多，你再不斷去改進每個環節，消除這些「摩擦」，讓飛輪轉得更順暢。

《飛輪效應》這本書我已經讀得很熟，相信任何規模的創業者都能從中受益，實為不可多得的一本好書。

先有明確方向、常規，才有二十哩行軍

林之晨（台灣大哥大總經理、AppWorks 董事長暨合夥人）

時序是二〇一八年，AppWorks 經歷了八載的二十哩行軍，經營的創業加速器、創業者校友社群及創投基金都展現健康的動能，致力推動的台灣新創生態也從寒冬走過春天，逐漸步入發光發熱的夏天。在前有帶頭的 Appier、17 Live、91APP、KKday 等準獨角獸持續開路，側邊有 Carousell、ShopBack 等優秀區域新創加入，而在後頭則有愈來愈多優秀年輕人才，把創業與加入新創當做好的生涯選項。

長期奮力推動的 AppWorks 飛輪（參下頁圖），此時已高速運轉。我想時候到了，該把自己投入下一個挑戰。環顧四周，加速台灣與東南亞新創生態間的異花授粉，拉近我們與東協的距離，可以讓台灣新創有更大舞台，同時在新冷戰時代、地緣政治重新洗牌過程中，擁有更多結構性支持。放眼六億人口的東協，擁有二・六億居民的印尼又是重中之重。

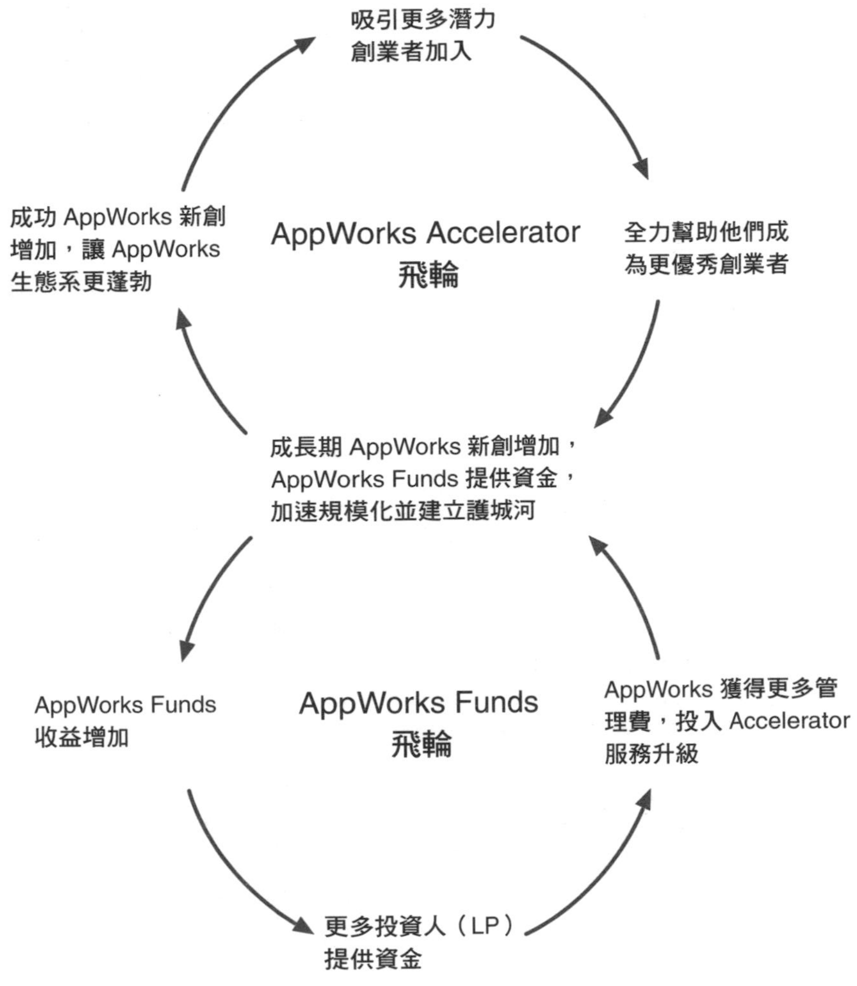
吸引更多潛力
創業者加入
全力幫助他們成
為更優秀創業者
AppWorks Accelerator
飛輪
成功 AppWorks 新創
增加，讓 AppWorks
生態系更蓬勃
成長期 AppWorks 新創增加，
AppWorks Funds 提供資金，
加速規模化並建立護城河
AppWorks Funds
收益增加
AppWorks Funds
飛輪
AppWorks 獲得更多管
理費，投入 Accelerator
服務升級
更多投資人（LP）
提供資金

天人交戰的抉擇

我花了一整年時間，說服家人一同搬到雅加達，成立 AppWorks 東協分部，準備展開連結東南亞的新二十哩行軍。正當我們一切就緒，年後將正式舉家遷徙的時刻，擔任獨董半年的台灣大哥大，突然由蔡明忠董事長代表，建議我慎重考慮暫停搬遷印尼，因為台灣大希望與 AppWorks 組成策略聯盟，由我擔任集團總經理，操刀轉型為科技電信公司的巨大任務。

這對我來說簡直是天人交戰的抉擇。一邊是能擴大台灣連結、影響力的機會，一邊是深化台灣大型企業與新創合作，加速整體產業轉型的機會；一邊能用上積累的新創輔導與創投經驗，但需要快速學習新語言、新文化、建立新連結，另一邊能讓 AppWorks 生態系的能量派上用場，但是需要快速學習電信產業，以及最具挑戰的——帶領近萬名同仁的大型集團，尤其對從未待過兩百人以上公司的我來說。

腦筋一轉，除了科技化，如果能把台灣大轉型的目標也設定為向東南亞區域化，再把 AppWorks 拓展東協的任務交給其他合夥人，那麼兩者相加，推動台灣連結束協的力量將遠大過原計畫。如此一來，決策因子只剩一個，就是我能否克服挑戰，帶領市值四千億的大型集團轉型。

柯林斯教會我的思維模式

直覺的，我回到一路陪我成長的柯林斯作品，一本本翻開，再次認真檢視自己。第五級領導者，不計個人得失，專注在組織興衰，對長期目標意志堅定，對同仁有最大同理心，正是我帶領 AppWorks 過程中得到最大的進步，打勾！選擇對的人上車，加速器與創投每天都在挑創業者，打勾！

能同時擁抱兩個極端，知道何時堅持、何時彈性，這是所有創業者都需練就的智慧，打勾！面對殘酷現實，AppWorks 創投基金整體績效優異，但過去六年仍有超過二十個錯誤的投資決策，合計虧損五億以上的本金，每個案子都必須誠實面對，向股東們解釋為何誤判，打勾！刺蝟原則，AppWorks 全體長期幫助創業者、扶植新興產業、連結東南亞，藉此推動台灣轉型的任務，充滿專注與熱情，打勾！先射子彈，再射砲彈，AppWorks 的每個新服務都是這個方法的產物，打勾！建設性偏執，雖然僅是偶有追兵，但 AppWorks 過去八年仍戰戰兢兢，維持最高速度成長，打勾！造鐘不報時，AppWorks 早期基於 MR JAMIE 個人品牌冷啟動，二〇一五年募得十五億 Fund II 後便展開機構化、國際化，時至今日已完全無需依賴我，打勾！膽大包天的目標（BHAG）、運氣報酬率，打勾，打勾！

做完總體檢，我信心大增。雖然沒有直接經驗，但許多心法與領悟都可以移轉。於是除了往東南亞走，我同時開出放大市值十倍的BHAG作為目標，回覆台灣大董事會，AppWorks 同意結盟，而我也接下了隔年四月上任台灣大總經理的任務。

決策與領導的良方解藥

好巧不巧，正當我緊鑼密鼓學習、準備扛起重擔的同時，恩師柯林斯居然在二〇一九年二月推出《飛輪效應》（英文版），剛好成為我考前最後衝刺的重要祕笈。

融會貫通了本書心法，我畫出台灣大從2G到4G中期的飛輪（參下頁上圖），推導出當市場完全飽和、客戶數無法增加、競業間惡性削價，它將難以再轉動。

幸好台灣大早已建造 momo 這第二個成長引擎，因此進入後4G時代，首要任

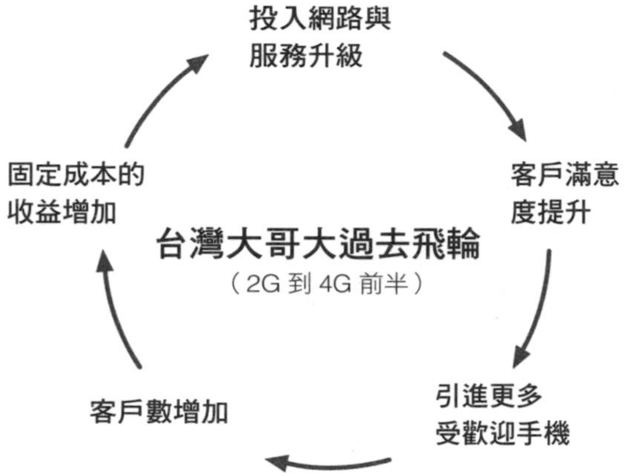
投入網路與
服務升級
客戶滿意
度提升
引進更多
受歡迎手機
客戶數增加
固定成本的
收益增加
台灣大哥大過去飛輪
（2G 到 4G 前半）

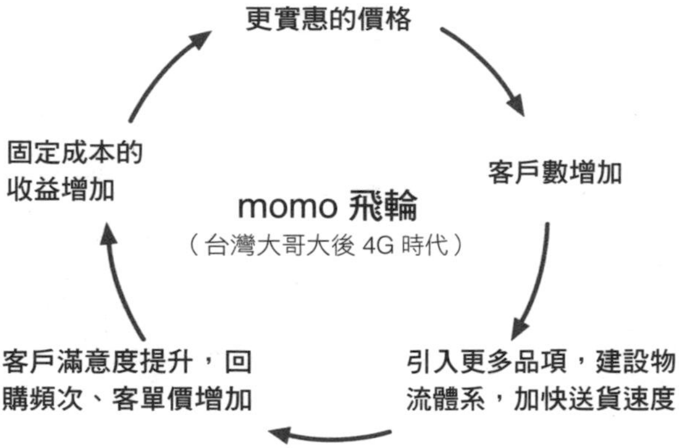
更實惠的價格
客戶數增加
引入更多品項，建設物
流體系，加快送貨速度
客戶滿意度提升，回
購頻次、客單價增加
固定成本的
收益增加
momo 飛輪
（台灣大哥大後 4G 時代）

務就是確保momo的飛輪可以加速轉動，建立起更高的護城河（參上頁下圖）。

在這個基礎上，進入5G時代要達到十倍市值，還需建立momo之後的第三、第四乃至於第N個成長引擎。這有賴於垂直整合AppWorks等新創服務與台灣大的電信網路，發展各種應用，並且適時擴張至東協市場。我稱這個策略為「超5G」，於是有了台灣大＋新創的飛輪（參下頁圖）。

準備好這些策略地圖，我帶著更大的信心上任。而目前為止的發展，也沒辜負柯林斯多年來的指導，以及臨門一腳的協助。運用他的各種思維模型，我接下台灣大總經理的過程竟比預期中順利。在專注優化效率下，台灣大電信事業在4G尾聲恢復營收、獲利年成長。第二曲線momo的飛輪，在全集團戮力推動下不斷加速，持續拉開與對手的差距。台灣大同時也展開與Google Nest、Riot Games、NVIDIA GeForce Now等新創服務的垂直整合，推出受市場歡迎的超5G應用，也讓新的飛輪開始緩緩運轉。

十年後能否達成十倍市值的BHAG？目前尚不知道。可以確定的，柯林斯的各種工具，讓我面對每個策略、抉擇、執行成果都能快速有效地檢視，並確保組織

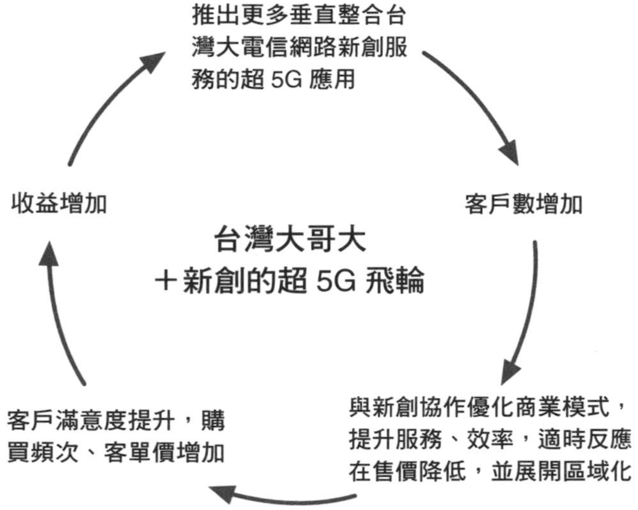
推出更多垂直整合台灣大電信網路新創服務的超 5G 應用
客戶數增加
與新創協作優化商業模式，提升服務、效率，適時反應在售價降低，並展開區域化
客戶滿意度提升，購買頻次、客單價增加
收益增加
台灣大哥大
＋新創的超 5G 飛輪

行為持續與長期目標拉齊。這些工具不僅在經營AppWorks、幫助新創時有效，現在帶領台灣大哥大更證明是良方。在常規確定下，持續二十哩行軍，我想，最後即使不中也不遠矣。

誠心向各位推薦，這本讓我獲益良多的《飛輪效應》是我接任台灣大總經理前的及時雨，希望也能在關鍵時刻推你一把。

無縫接軌，飛輪便能高速運轉

游舒帆（商業思維學院院長）

提到飛輪效應，我相信熟讀商業書籍的讀者應該都對「亞馬遜飛輪」毫不陌生，亞馬遜創辦人貝佐斯的著名觀點就是盯著零售業未來十年也不會改變的事物。他藉由提供更多更低價的商品選擇、更便捷的物流和更良好的客戶體驗，持續創造低成本結構的營運模式。當成本壓低，便有更多資金能夠持續投入商品、物流等方面的優化，創造出生生不息的循環，這便是所謂的亞馬遜飛輪。

亞馬遜從電商起家，然後逐步建構起物流服務，接著發展雲端運算服務，這樣的策略布局又進一步強化了飛輪的效應。乍看之下，電商、物流、雲端運算服務是不同的業務，但對亞馬遜來說，都是為了服務平台上的供需兩端，只要這兩端的服務體驗良好，平台經濟中的網路效應將持續強化，飛輪就會愈轉愈快。

全面思考營運機制

幾年前我離開職場投入創業生活，早年是仰賴個人的知識品牌，寫書、當顧問、做知識訂閱與線上課程，但始終覺得自己並未將過去十多年累積的經驗效益放到最大，我認為自己對社會有一份責任，而最能發揮的能力就是我最有熱忱的教育。

二〇一九年八月，我決定成立商業思維學院，做一個體制外的商學院，用一年時間帶同學一起實作各種商業案例。其中最艱難的莫過於每週一到週五都得寫一篇文章，也就是日更。學院成立之初，我找了很多朋友聊聊我的構想，得到的九成答案都是：「聽起來很不錯，但真的做得起來嗎？」剩下的一成則是建議我換個題目，因為難度高，肯定虧本。

我明白這件事情的困難度，但心裡總認為得有人來做這件事，因為事情是對的，關鍵在於找出合適的做法。無論如何，我們在二〇一九年十二月成功招收了一千兩百名學生，代表這個概念是能獲得大家認可的。

但要驅動這項業務，一開始最大的困難是一年三百六十五天都得每天穩定產出高品質的內容。我明白這件事靠我一個人做不來，所以找了幾位合作夥伴一起準備，而這幾位夥伴必須是實戰派，還要能願意配合我對內容的要求。團隊組成後，我們約花了一個月時間磨合完成，才能穩定地產出內容。

當內容品質穩定提升，同時帶動同學較強的學習動機。我們設計了更多刺激同學的任務，例如二十一天挑戰、小組案例研討等，讓學習動機更加增強。有了更強的動機與參與，學習成效自然顯著提升，於是同學們開始進行口碑擴散，這又讓更多人認識了我們，進一步帶來更多營收，讓我們有資源進一步投入在系統、課程與師資的強化裡，而這也意謂著，我們提供給學員的課程品質又獲得進一步升級。

好的課程品質，學習動機增強，創造好的學習成效，口碑擴散與推薦，更高的營收表現，更好的系統、課程與師資，然後又回到好的課程品質，成了商業思維學院的飛輪循環。

對照本書提到的觀念，我覺得其中的觀念是雷同的，也就是你得先找到第一個元素，然後思考下一個是什麼，在轉動飛輪時才不會卡住。我認為本書的核心觀念就是全面思考你的營運機制，讓其中的重要環節無縫接軌，一環緊扣一環，創造出持續轉動的動能。如此一來，企業的飛輪便能生生不息地高速運轉了。

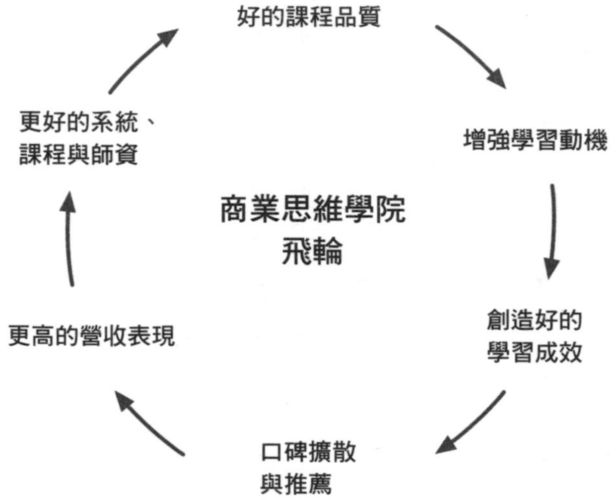
好的課程品質
增強學習動機
創造好的
學習成效
口碑擴散
與推薦
更高的營收表現
更好的系統、
課程與師資
商業思維學院
飛輪

集大成武功祕笈

程世嘉（iKala 共同創辦人暨執行長）

柯林斯透過《飛輪效應》這本書公開了成功企業的一大祕密：那些真正卓越的公司，內在都有一個看不見但快速轉動的飛輪，作為公司的核心運作引擎持續累積能量，隨著時間創造出愈來愈不可取代的競爭優勢。這個飛輪概念，是柯林斯數十年來帶給商業界最大的啟發之一。

飛輪就是在創造正向循環

亞馬遜創辦人貝佐斯因為二〇〇一年一場與柯林斯的對談，領悟了飛輪的心法，如今將亞馬遜打造成商業史上最有價值的公司之一。在本文落筆之時，貝佐斯本人也穩居世界首富的地位，成就斐然。

飛輪的概念，簡單來說是一個創造「正向循環」的抽象概念。而具體落實飛輪概念的方式，是在於把公司每天執行的關鍵任務，串起成為一個不斷重複的迴圈，並且在這些關鍵任務上不斷投資、不斷加強力道、不斷發揮創意，堅持久了便會打造出無可取代的優勢和動能，飛輪也從此快速自轉，公司將會有爆發性的成長。爾後的商業活動，只要聚焦在維持飛輪的自轉動能即可。

這個概念雖然簡單，但要讓飛輪持續轉動，不至於脫軌或戛然而止，和領導團隊本身推動的意志和決心有很大關係，就像牛排的熟成需要足夠時間，飛輪能量的累積也同樣急不來。所以柯林斯在本書一開頭便開宗明義揭示：「優秀的公司想要蛻變成卓越的企業，靠的不是一次決定性的行動、一項宏大的計畫或單單一個殺手級的創新應用……這樣的蛻變像是在推動一個巨大、沉重的飛輪。」

DAA飛輪的啟發

我在帶領跨國AI公司 iKala 協助數百家企業導入AI技術時，對於這個道理深有所感。iKala 獨創導入AI的DAA飛輪（即「數位化」〔Digitalization〕、「分析能力」〔Analytics〕、「實際應用」〔Application〕）架構來協助客戶，其啟發便是來自於柯林斯的飛輪理論，ＤＡＡ飛輪如下頁圖所示。

如此形成了 iKala DAA 飛輪轉動一次的循環。長此以往，企業主將這個飛輪置入在企業每一個內部與外部的場景，企業的動能持續累積，真正轉變成一家以ＡＩ為核心運作的企業。iKala 自己運作模式的演進，也完全是依照這個飛輪在進行。如今，我們提供以ＡＩ為核心的數位轉型服務，在八個國家服務了超過四百間企業客戶、一萬五千家廣告主，以及十四個中小型商家，在飛輪的轉動上小有所成。

多數企業在看待ＡＩ時，把它當成是一項馬上可以帶來戲劇性轉變的技術，因此總是用「短期的、一次性的導入專案」來看待ＡＩ，這對ＡＩ技術來說是錯誤的期待。實際上，要想利用ＡＩ讓自己成為下一個世代具備競爭力的企業、不被市場淘汰，祕密就在於轉動ＤＡＡ飛輪，必須透過長期實踐才能看出功效。所以我常常打趣說，導入ＡＩ往往比較像是在吃中藥養身體，而不是服用快速解決症狀的西藥，吃中藥要照三餐乖乖吃，吃久了體質才會逐漸改善。這個思維與本書的實證結論不謀而合。

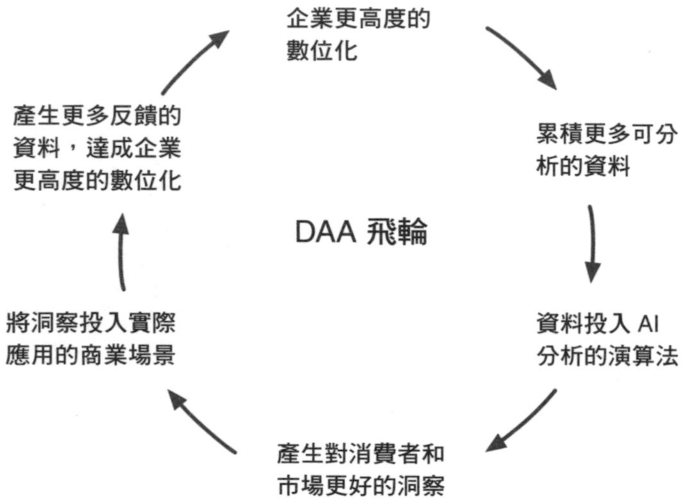
企業更高度的
數位化
累積更多可分
析的資料
資料投入 AI
分析的演算法
產生對消費者和
市場更好的洞察
將洞察投入實際
應用的商業場景
產生更多反饋的
資料，達成企業
更高度的數位化
DAA 飛輪

案頭必備經典

柯林斯利用這本精簡扼要的小書，闡述了打造飛輪的方法論，以及過程中需要注意的各種事項，並且完美串起其將近三十年來的各項研究著述和每一本管理書籍的精華，可謂是集大成的一本武功祕笈。無論你處於領導事業的哪個階段，這本書都能協助你快速檢視和釐清「驅動你事業的核心動力是什麼」，以及「如何更具體地建造出飛輪架構來加速核心動力的累積」。

再一次，柯林斯跳脫所有複雜的管理理論，把最重要的概念用最淺顯易懂的文字精采地呈現在讀者眼前，而我深感榮幸能為本書撰文推薦，深信這本書會成為每個人書架上必備的經典管理書籍。

屹立不搖，還要堅如磐石

愛瑞克（知識交流平台ＴＭＢＡ共同創辦人）

二〇〇一年秋天，《從A到A+》這本書問世時，我和幾位夥伴全力推動將校內社團「台大管理學院研究生協會」，轉型成為ＴＭＢＡ這個知識交流平台（二〇一二年又進化為跨校的非營利組織，目前在台大校內稱為「ＴＭＢＡ台大分會」）。當時有人問我，如何堅信此一轉變得以吸引菁英人才匯聚？如何確保隨著時間演進能夠歷久不衰而更加壯大？《從A到A+》這本紅遍產官學界的商管經典著作，恰好提供了解答良方，而當時我們所認定的ＴＭＢＡ飛輪，至今將近二十年來看，依然屹立不搖而且更加堅如磐石！

吸納菁英，動能加速

事實上，台大社團百家爭鳴，是全台灣最多元化且最競爭的環境。曾於台大校

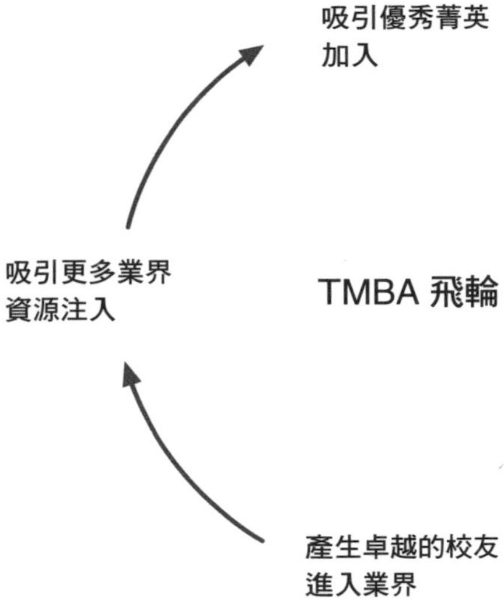
吸引優秀菁英
加入
開設許多吸引人
的實務課程
產生卓越的校友
進入業界
吸引更多業界
資源注入
TMBA 飛輪

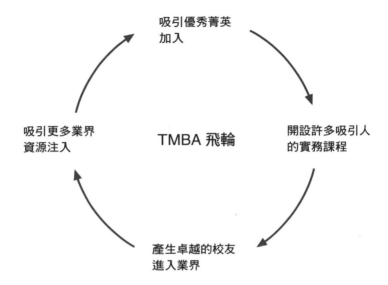

內設立的社團已超過一千個，伴隨著台大九十多年來的歷史沿革與汰舊換新，目前仍健在的社團僅約四百個，活躍性的社團僅約一、兩百個，但能做到跨校際間知名的社團相對上屈指可數。

二〇二〇年七月，TMBA第二十一屆招生說明會湧入三百多位學生參加，創下歷年來最高紀錄。如今TMBA所開的每一堂課都爆滿，座位不敷使用，勢必需要更大的教室空間來容納。一個非營利組織如何吸引菁英人才匯聚？如何確保隨著時間演進能夠歷久不衰而更加壯大？我們可以觀察下頁圖。

這就是TMBA的飛輪，相當簡單、清楚明瞭。目前台灣最知名的MBA課程不外乎於台、政、清、交等幾所頂尖國立大學所開辦，實務課程是針對十年以上工作經驗且較具能力的高階經理人而設立（簡稱EMBA），一般MBA學生想要獲取實務訓練，多半只能憑自己找實習機會，更多學生則是在毫無工作經驗的狀態下進入職場謀職，雇主面試評估過程也難免遇到選才條件上的落差。

TMBA扮演了橋梁的角色，促成校內學生與業界之間的互動交流。TMBA先找最優秀的學生來加入社團，邀請任職業界的校友們合作開設一系列精采的實務課程訓練。當這些在校內就已經受過實務訓練的優秀MBA學生跨入職場後，自然累積成了一屆屆源源不絕的校友資源，無論有需求回校尋找適才人選、合作創業夥伴、提供實習機會或工作外包委託接案等等，TMBA都成為了最佳的管道和橋梁。

注入新血，生生不息

柯林斯認為，飛輪不一定得從頭到尾都獨一無二，成功的兩家公司可能擁有很類似的飛輪模式。我相信，TMBA勢必不會是全世界獨一無二的同類型組織，但在台灣肯定是唯一的一個，因為它立足於台灣頂尖MBA學府內，擁有得天獨厚人才匯聚的條件，再注入其他要件轉動飛輪，隨著時間經過，進入業界的畢業校友持續回饋累積，TMBA也因此更堅如磐石。

柯林斯提醒，為了使飛輪能持續運行，我們都得不斷地更新並改善每一個步驟，避免在任何一個環節失去動力、停滯不動。當我們檢視TMBA飛輪的四個環節，更確信每一個環節無疑是脣齒相依、也都是產學之間的必要元素，它們不會消失也無從停止（我們無法阻擋畢業生進入業界，也不能阻止業界從校內尋找人才）。TMBA要做的，只需避免陳腐老化使橋梁角色搖搖欲墜即可。

針對老化、停滯的潛在威脅，TMBA草創至今即嚴格執行「一年一任，換屆換人」的制度，主要由碩士班二年級學生擔任經營管理者，並在畢業前完成改選、交接給下一屆學弟妹接棒，每年注入新血，因此具備天然的防呆機制，確保生生不息而達到永續經營。

當我回想將近二十年前，草創TMBA時期的做法，對照如今此書所提出「七個步驟打造你的專屬飛輪」，儘管當時我們並沒有完全按照這些步驟施行，但是方向上大致雷同；至於書中所述「更新飛輪的方法」則提供了絕佳的洞見與指導，儘管TMBA並沒有這麼做，但或許僅是運氣好，所以TMBA的飛輪至今無須更新也能運作自如。我們不能憑藉運氣而永遠成功，此書所提供之方法及洞見，確實令我大為激賞並且極力推薦給每一位管理者參考！

轉動飛輪，永續奔騰

楊斯棓（方寸管顧首席顧問、《人生路引》作者）

《從A到A^+》一書裡，柯林斯在第八章談了飛輪與命運環路（doom loop）的概念；而《飛輪效應》一書則聚焦於討論轉動飛輪。運轉漸失動能的飛輪，其實就是doom loop的前身；doom當名詞解釋時有厄運、死亡之意，當動詞時就是台語的「註死」（註定應死之意）。

《從A到A^+》曾用一個對照表格幫助企業思考，哪些現象可以判斷企業是在飛輪上還是已陷入命運環路（參《從A到A^+》第二八七頁）。正視殘酷現實、謹守刺蝟原則、長期保持一致方向者，企業往往正踩在飛輪上。然而盲目跟風、發展方向前後矛盾者，多半落入命運環路。

某電子通路就是個實例。這幾年急著開旅行社、賣咖啡甜點，各分店店長常常換人。相較之下，他過去頭號對手的策略布局，既刺蝟，又飛輪。

飛輪要素必有邏輯排序

從《飛輪效應》一書中可看到，很多領導團隊縱使公司處於市場領導地位，仍不見得了解自己的飛輪機轉，因此他們親赴科羅拉多州博德市的「從A到A^+管理實驗室」，反覆討論，腦力激盪，以期找到答案。

就連指數型基金界巨人先鋒集團，其執行長也曾帶團隊赴博德市參與為期兩天的飛輪研擬工作坊，足見了解自己的飛輪絕非一蹴可幾。

如果想即刻著手分析某個企業或個人的飛輪模式，可以打開word，點選「插入」裡面的SmartArt，再點選第二個循環圖，它就是一個簡單的類飛輪圖，我們可據此依序填空完成。

柯林斯提醒，飛輪模型的各個環節並非「下一個代辦事項」，而是「前一個步驟必然導致的結果」。他強調：「不要只是把一份毫無生氣的條列清單填進一個圈圈裡就以為大功告成；這些要素在飛輪中必定要有「邏輯排序」，如此一來才能啟動你的飛輪動能，讓它加速前進！」

從懶人包擴展

根據以上，我嘗試分析近年從物理治療師成功轉型全國知名講師的林長揚的飛輪模型（請參下頁圖）。

長揚的懶人包技術（圖解某種新事物或某事件）非常厲害，尤其是針對全國性議題製作懶人包時，常引起諸多迴響，曾有具備公共衛生背景的政治人物也轉發，結果觸及人數為原本的十倍到百倍。一次次達陣，讓長揚的名聲長期穩定在企業間傳開來，邀課機會因此倍增。而邀課單位一多，長揚得以選擇鐘點費較優渥的外商公司或本國上市公司，也因此不用接太多課，讓自己在備課之餘，還有時間繼續思考哪些全國性議題值得他著手製作懶人包，因此飛輪不息。

製作完成後，我以自己繪製的飛輪模型請教他的看法，他回覆：「我覺得您剖析得很精準！」

延續書中架構去想，長揚如果做了哪些事，可能會掉出這個飛輪？很簡單，如果長揚沒有針對全國性議題去製作懶人包，可能淪為孤芳自賞的小規模轉發，無法

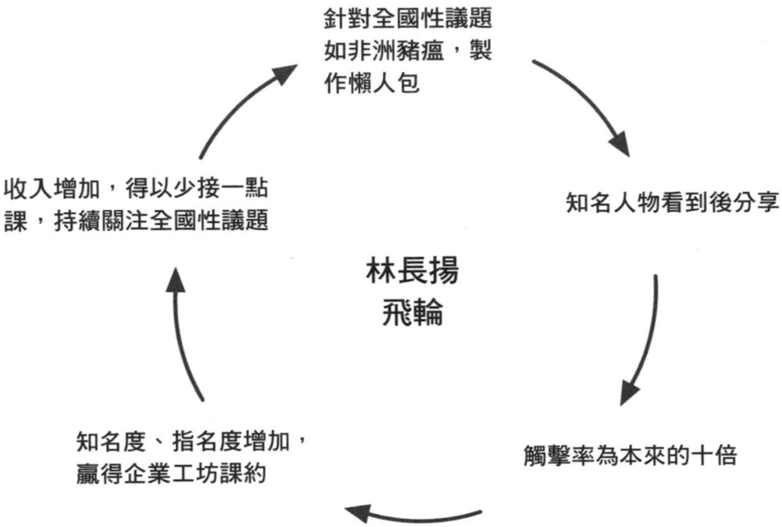
針對全國性議題
如非洲豬瘟，製
作懶人包
知名人物看到後分享
觸擊率為本來的十倍
知名度、指名度增加，
贏得企業工坊課約
收入增加，得以少接一點
課，持續關注全國性議題
林長揚
飛輪

引起後續效應。

而根據書中建議，長揚如果做了哪些事，可能會直接墜入命運環路？如果長揚在踏上講師之際，沒有積極耕耘懶人包之路（寫書、辦講座、主持工作坊），反而看到周震宇老師教聲音就跟風學舌，看到林明樟教財報就想當數字力二哥，看到綠角教指數投資也想當模仿貓，若然，就無法走出自己的懶人包首席之路。

長揚熬過了美國行銷大師賽斯．高汀（Seth Godin）筆下的低谷，踩上了柯林斯書裡的飛輪。

告終的飛輪

我外公經營「義成百貨行」數十年，從草創到巔峰到下坡，我嘗試繪製巔峰時期曾出現過的飛輪，如下頁圖所示。

當時他推出的「買制服送繡學號」曾為他帶來源源不絕的動能，持續好幾年光景。但重點是，他必須利用多出來的餘裕及時間拓展新服務，如果沒有這麼做，當「買制服送繡學號」不再吸引人之後，這個飛輪就立刻告終。

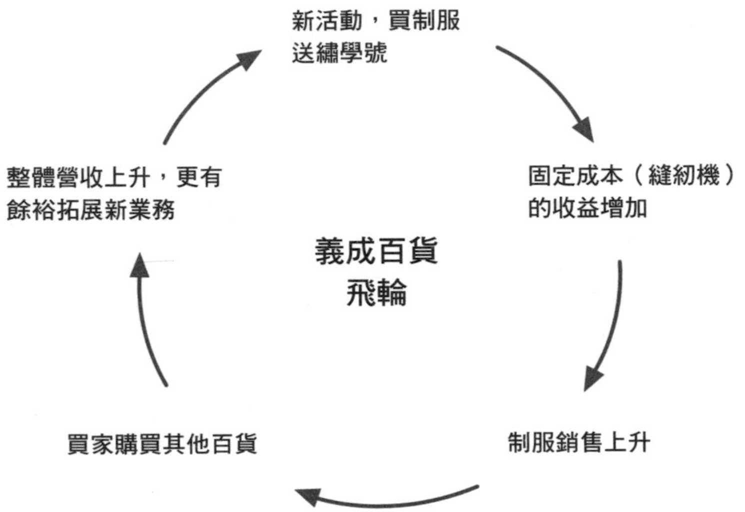
新活動，買制服
送繡學號
固定成本（縫紉機）
的收益增加
義成百貨
飛輪
制服銷售上升
買家購買其他百貨
整體營收上升，更有
餘裕拓展新業務

過幾年，有一間學校的福利社開始販售該校制服，如果我外公百貨行有二〇%的制服生意來自該校學生，那就是立刻丟了二〇%生意。可想而知，隔年其他學校也開始依樣畫葫蘆，沒幾年光景，賣制服這門生意就此從百貨行消失。我外公後來還不得不接下老顧客的繡學號生意，工時長、利潤低（繡一橫才十元，學校福利社才不碰這門生意），繡到眼油直流，憋尿憋到尿道發炎，得不償失。

飛輪的延續

我受邀寫推薦序也可用飛輪模式來分析，如下頁圖所示。

我曾請教某位出版社編輯為何找我寫推薦序，她說過去不認識我，逛誠品時發現某本書有我的推薦序，覺得可以一試，就邀我寫B書的推薦序。過幾個月，我請教另一位出版社編輯為何找我寫推薦序，她說她看過我在B、C兩本書的推薦序，她覺得手上這本作品我應能發揮得不錯，於是發信詢問。

我如果沒有被定型而只能當某一類書籍的引路人，不排斥各家出版社上門合作的機會，長期下來，讀寫的速度持續變快，於是我就能接下更多的合作。產出愈

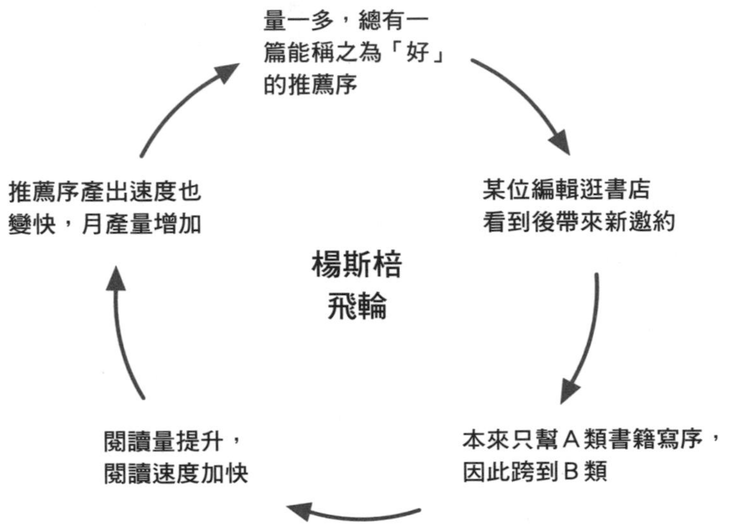
量一多，總有一
篇能稱之為「好」
的推薦序
某位編輯逛書店
看到後帶來新邀約
本來只幫A類書籍寫序，
因此跨到B類
閱讀量提升，
閱讀速度加快
推薦序產出速度也
變快，月產量增加
楊斯棓
飛輪

多，就愈容易被看見，也就能夠贏得更多的合作機會。分析飛輪，也很像在拆解馬太效應（Matthew Effect）。

請你現在就著手，拆解自己的飛輪！

要有不平凡成果，不見得要做不平凡事

雷浩斯（價值投資者、財經作家）

《飛輪效應》是一本字數不多的小書，所以在我拿到初稿的時候，馬上停下手上的工作，花一兩個小時看完。

看完之後，書中的概念整整在我腦海中停留了一週以上，因為本書的概念重要性無以復加，同時也解答了我對卓越企業的「護城河」思考缺口。

銳不可擋的台積電飛輪

任何企業，當它有良好的表現時，一定代表著具備了某種「競爭優勢」，但競爭優勢不是股神巴菲特（Warren Edward Buffett）口中的「護城河」，「持久的競爭優勢」才是護城河。

護城河是由企業所打造出來，代表著你必須觀察「企業營運活動」和護城河之

間的關係，也就是「如何觀察和理解企業活動的重點」。《飛輪效應》恰恰解決了這個問題，重點就在於理解「飛輪組件」。

每一個飛輪組件代表企業投入的時間、資源和人力，當企業正確地推動飛輪時，即產生強大的營運動能，這種銳不可擋的動能就是護城河！

那麼投資人要怎樣實際運用這些概念，找出飛輪護城河呢？我的運用方式如下：首先，搜尋媒體報導和公開資訊，然後列出該公司的競爭優勢；接著再將競爭優勢做出排列順序，確認因果關係，然後畫出飛輪組件，即可完成。

以台股最大公司台積電為例。台積電的飛輪組件主要由下頁圖的五種要素構成，而這五個要素也是台積電投入的重要營運活動：

首先，晶圓代工會牽涉到客戶的機密，因此台積電的營運方針就是專注代工，避免和客戶產生利益衝突。接著，為了替客戶創造價值，於是不斷地往更高階製程投入研發。

先進技術不代表一定會獲利，但滿足客戶需求的先進技術能帶來「高定價力」，高定價力的利潤讓台積電能夠持續擴廠，將晶圓代工這個產業所需的高資本支出障

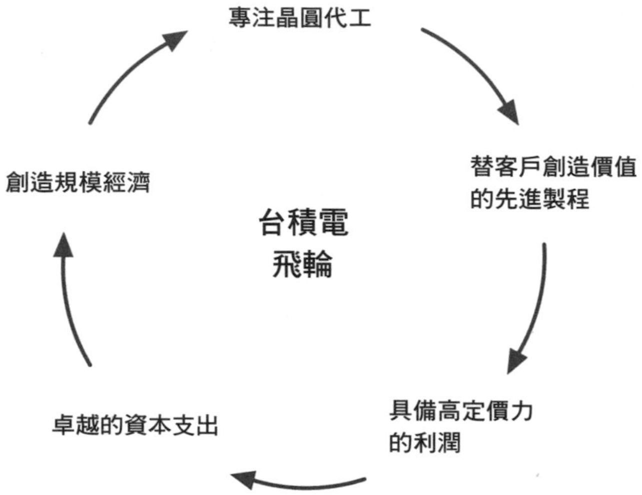
專注晶圓代工
替客戶創造價值的先進製程
具備高定價力的利潤
卓越的資本支出
創造規模經濟
台積電飛輪

礙變成優勢。競爭對手若要踏入這個領域，必須投入更多資源才能與之競爭。

最後，台積電透過多年的經營，達成了規模優勢，這個優勢讓它有廣大的市占率和眾多的客戶群，這兩者再度轉化為優勢：市占率帶來名聲，讓客戶覺得在台積電下單的風險較少，因此願意持續投單。眾多的客戶群讓台積電可以透過客戶發展的狀況，了解整個半導體的需求趨勢，更進一步讓先進製程的研發與應用正確。而研發應用又帶來高定價力的利潤，利潤又帶來資本支出的本錢，再度強化規模經濟。飛輪的動能因此循環不休，銳不可擋。

巴菲特的成功飛輪

也許你會認為，台積電已是一個巨大成功的公司，其飛輪當然明顯至極。既然如此，我們再來看一個從十萬美元成長到一億四千萬美元的案例。

巴菲特在二十六歲時離開老師班傑明・葛拉漢（Benjamin Graham）的公司，在一九五六年回家鄉開啟「巴菲特合夥事業」。親友們總共投入了十萬美元。

巴菲特的公司雖小，但他的飛輪組件以此為起點開始運作，下頁圖是他的飛輪。

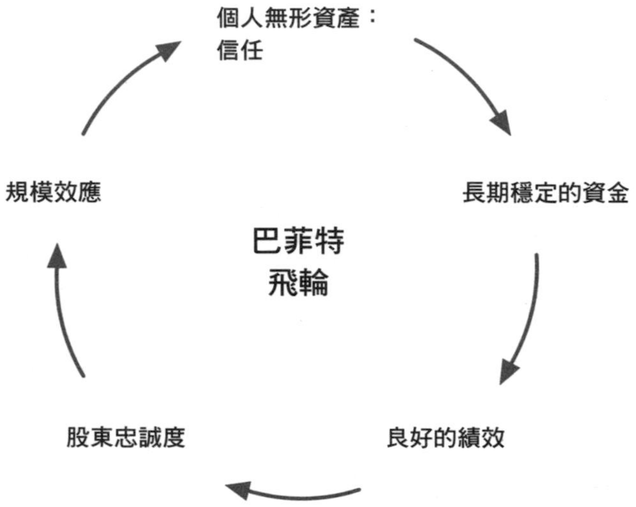
個人無形資產：
信任
長期穩定的資金
良好的績效
股東忠誠度
規模效應
巴菲特
飛輪

信任是資產管理事業的重要基石，合夥事業一開始默默無名，投入的股東都是相信巴菲特最珍貴的無形資產，也就是個人信用，因此願意投入資金。

巴菲特的信用來自於他的責任感，也就是身為「受託者」的自我要求。他將信任與制度結合，設計一套以股東權益優先思考的管理制度，例如他不領管理費，年度績效六％以下不收費，六％以上抽四分之一當績效獎金，而且股東一年僅能贖回資金一次。這些制度都有助於建構第二個飛輪要素：長期穩定的資金。

因為投資需要時間才能展現成果，要是股東因為短期績效起伏不定就贖回資金，投資績效肯定大打折扣。有了長期穩定的資金，就有助於提升良好的績效。

有了良好的投資成果，當然就更進一步提高了第四個組件：股東的忠誠度。股東們將巴菲特的績效用口碑式的方式傳開，替巴菲特帶來更多資金。甚至有位從沒見過巴菲特的億萬富豪，直接寄了一張三十萬美元的支票和名片給巴菲特，只付了一個短信寫著：「算我一份。」

這幾個飛輪要素帶動了「規模效應」，讓飛輪的動能開始急速累進。到了一九六九年，合夥事業的規模已經有一億四千萬美元，股東投資扣除所有費用後的年化報酬率高達二三・八％，同期大盤只有七・四％。無論從哪個指標來看，都是無與倫比的卓越表現。

卓越，只要專注在飛輪

前兩個案例都是由卓越人士所創辦的企業，個人部分該如何應用飛輪效應呢？我以個人經驗分享，我的飛輪如下頁圖。

這五個要素形成因果關係、缺一不可。能力圈內的專業工作就是符合「刺蝟原則」的工作，如此才能讓你有頂尖的表現，累積職場上的信用和風評，進而增加有用的人脈和口碑。

專業表現會帶來高品質的正現金流，特色是穩定且愈來愈多的現金能使你的投入獲得滿意的產出。

但擁有正現金流還不夠，必須盡可能降低生活支出，讓自己處於低負債環境，這樣才能減少生活負面壓力，降低厄運風險，並且在機會來臨時掌握投資機會，提高運氣報酬率。

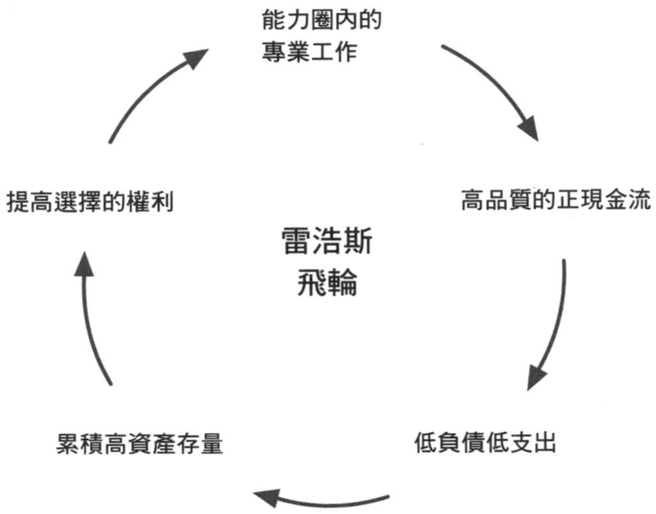
能力圈內的
專業工作
高品質的正現金流
低負債低支出
累積高資產存量
提高選擇的權利
雷浩斯
飛輪

做好前幾個步驟，自然能夠累積高資產存量，於是每年會有更多的現金和股票投資部位。這樣的資產能讓你的生活得到「抗衡擊」的能力，即使遇到難以想像的厄運，也能避免沉沒的命運。

運氣如同擲骰子，只要時間夠長，終會出現對你有利的點數，你就能握有更多「選擇的權利」，更能支配自己的時間和生活品質，真正得到人生的自主權。

上述要素雖然是我個人的飛輪，不過我也認為適合絕大多數人運作。人生平凡是過，卓越也是過，而卓越始終來自於自我要求，要求自己將生命中的能量注入飛輪組件之中。

當你遇到挫折、厄運或他人的不理解，你需要把注意力放在自己的飛輪上，深刻理解每一項飛輪要素，以二十哩行軍的精神持續推動。最終，你就能得到不平凡的成果，成為柯林斯所說的：高人一等的同業翹楚，具備無可替代的影響力，並且恆久不墜。

想要有不平凡的成果，不見得要做不平凡的事。卓越始終是一種選擇，只要選擇專注在飛輪上。

飛輪全面啟動，目標更快到手

鄭俊德（「閱讀人」主編）

不知道你有沒有踩過飛輪？即使沒有踩過，應該也在電視上看過，簡單來說，就像是室內原地腳踏車。另外，如果你有在健身房踩飛輪的經驗，有時會搭配動感音樂，前面有個熱汗淋漓的教練打著節拍指揮著眾人，一開始的起步是辛苦的，直到慢慢進入佳境，才會有愈踩愈順的心流體驗。

受邀為《飛輪效應》寫序時有點受寵若驚，因為通常商管書的邀序都是以成功企業家、上市櫃公司主管或非常知名的商業案例主持人為主要對象，但這本書的主題除了適用於上述的商業成功案例，非營利事業或希望能傳遞影響力的作家、慈善家也都非常適用。

很感謝遠流出版公司對「閱讀人」營運模式的肯定，同時也讓我提前拜讀了這本精彩好書，雖然不厚卻很實用。接下來，我就將「閱讀人」的營運模式套用在飛輪上來說明。

如果能夠早知道

現實中的飛輪運動需要有正確的設備、姿勢和技巧，才不會造成運動傷害，正確運轉後就會愈踏愈省力。而本書提到的飛輪概念也是相同的道理。當你找到正確的運轉之道，後續的動能會自動往前推進、持續循環，就像順風騎腳踏車一樣輕鬆。

要成就自己的飛輪模式，我從書中消化了以下七個要點：

一、找出過往的成功案例與優勢；

二、過往失敗的經歷與清單；

三、根據前兩點，彙整出飛輪的元素；

四、找出四到六個要素，規化出循環動能；

五、飛輪精髓不會超過六項；

六、根據模型對應前兩點的成功與失敗案例是否吻合；

七、以「刺蝟原則」測試你的飛輪。

以下簡述「閱讀人」的飛輪模型發展路徑：

「閱讀人」社群創辦第一年只有兩千名粉絲，但隔年就翻了數十倍到了二十萬人，之後每年幾乎都以翻倍的速度成長。如今社群已達數百萬人，每年的瀏覽觸及上億，每週有數百場線上讀書會在網路進行。

很多人總是問我，這當中的成功關鍵是什麼？明明我們的主要營運人員不多（我和我太太為主），但為什麼可以成就這麼大的組織？

其實，「閱讀人」的發展過程是無數的失敗累積出來的成功模式，但如果能早一點讀到《飛輪效應》這本書，或許我就可以省下更多的摸索時間。

推動閱讀的飛輪

以前面提到的七個要點來看，「閱讀人」的成功來自於開放讀友投稿，讓更多讀者在這個平台獲得肯定與學習成就，也因為平台愈來愈大，吸引了更多作家與出

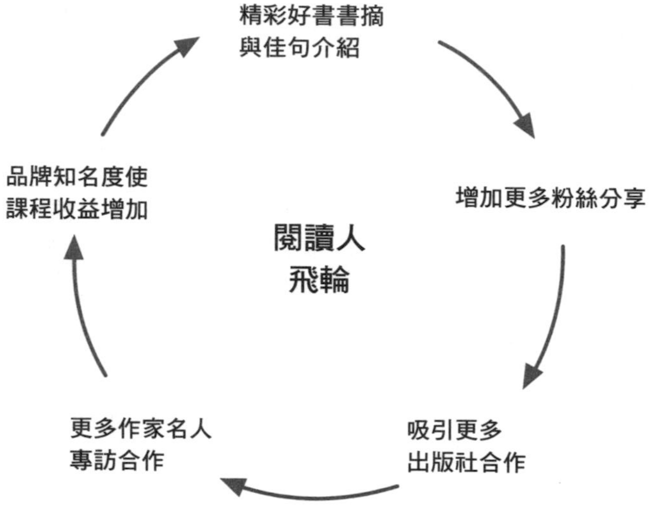
精彩好書書摘
與佳句介紹
增加更多粉絲分享
吸引更多
出版社合作
更多作家名人
專訪合作
品牌知名度使
課程收益增加
閱讀人
飛輪

版社合作的機會。但第二點（「過往失敗的經歷與清單」）來看，「閱讀人」經歷的失敗其實非常矛盾，也因為開放讀者的投稿，讓人力分配與時間管理陷入瓶頸，審稿、改稿需要投入大量的時間與溝通成本，卻難以創造營收。另外一個失敗經歷則是花了數年推動實體讀書聚會，非常耗費時間與人力，而且幾乎沒有收益的模式。

彙整前兩點以及過往經驗，我整理出以下成功元素，增加了參與度、學習成就感、線上互動、出版社合作、作家名人合作等項目，請參上頁「閱讀人飛輪」圖。

所以，「閱讀人」的飛輪模式經過調整與改良，我們將素人投稿與作家作品分開進行，因此有兩個不同的飛輪，就像腳踏車的前後輪彼此推動前進。我們成立了多個創作社團與讀書社團，讓創作者為自己的作品負責，於是，線上讀書會（即「閱讀人同學會」）應運而生。粉專的定位更明確地以作家和出版社為主軸。之後我們推出各類閱讀課程，創造穩定營收，相輔相成之下，「閱讀人」的發展漸入佳境，走上商轉軌道。

因著正確的事情持續地做，現階段的「閱讀人」應該已是台灣線上最大的讀書組織，也幫助了許多人養成閱讀習慣、愛上閱讀並透過閱讀找到人生的解答。

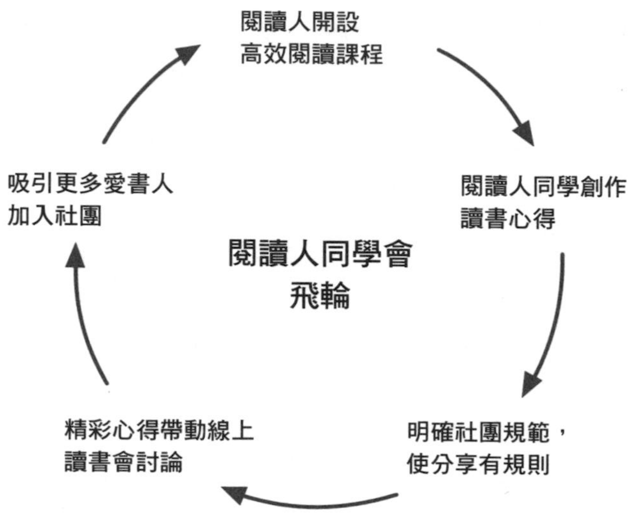
閱讀人開設
高效閱讀課程
閱讀人同學創作
讀書心得
明確社團規範，
使分享有規則
精彩心得帶動線上
讀書會討論
吸引更多愛書人
加入社團
閱讀人同學會
飛輪

讀到這裡，你是否也想創造屬於自己的飛輪模式？

這本書不厚，很好讀也很好用，一開始就像踩飛輪一樣，需要花點時間思考與消化，但只要想通書中的模式，就能幫助你達成期待的商業目標或社會影響力，讓飛輪模式持續往前運轉不費力。

選擇持續進化的人生

Jenny Wang（JC財經觀點版主）

了解理論的人，不一定了解如何把理論導入實務當中，讓理論可以為其所用，所以往往流於空話而沒有作為，最後乾脆拋棄不用。不過，大多數人在將兩者融會貫通後，才知道原來這個世界上最實用的工具就是好的理論，可以發揮極大的力量，更快且更好地達成理論假設中預期的目標。

不被時代淘汰的理論

柯林斯的每本著作都擁有這樣的特質，其中「飛輪效應」就是很好的例子，泛用於世上成功的企業，且不被時代淘汰。其飛輪是由幾個相互關聯的齒輪組成，藉由彼此間滑順且密切的配合注入動能，只要持續運轉，假以時日便能高速奔馳。

舉例來說，亞馬遜創辦人貝佐斯就將飛輪概念落實在企業文化中，以顧客為中心，堅持售價更低，吸引更多客流量來開拓市場，並把每一天都當成第一天，不自滿於當前的成功，而是搜尋更多潛在的需求與創新，創造飛輪轉動的動能，打造出市值近一．六兆美元的企業帝國。

全世界最大的ＥＴＦ發行商之一先鋒集團也在企業文化中注入飛輪因子，同樣以顧客為中心，提供更低成本的共同基金，創造更豐厚的報酬來累積顧客的忠誠度。目前先鋒集團管理超過一．三兆美元的資產，但平均費用率僅〇．〇九％，成為所有指數型基金發行商仿效的對象。

飛輪可以打造出從優秀到卓越的企業，但不僅止於此。藉由閱讀本書，讀者可以獲得更多啟發，延伸至不同領域。我認為其中最重要的，便是將飛輪效應運用於自身，包括生活中的人際關係、投資理財及工作事業，讓飛輪在每個領域持續轉動，累積動能向前邁進，成就一個更美好的人生。

打造飛輪，即刻行動

至於如何落實，柯林斯在書中提到七個步驟，帶領讀者一步步打造專屬的飛輪。首先，了解自己想要的是什麼，確立你的人生目標，才能使你的每個選擇有所依從。接著，列出所有可達成目標的路徑，從眾多清單中進行篩選簡化，找出彼此影響且前後相關的關鍵因素，建立一個正向的循環迴路，幫助自己專注於最重要的事情上。最後，利用書中的「刺蝟原則」來測試自己的飛輪。每一次的前進都應該持續給與反饋，才有辦法使我們的人生飛輪持續轉動下去。在面對阻礙時，坦然面對自己的錯誤，把失敗變成通往成功路上的基石。有一句話是這麼說的：「當你得不到想要的東西時，就會得到經驗。」而當經驗累積到一定程度，便會知道如何建立決策架構，找出最好的解決方案。

現今社會中，理解飛輪效應對我們每一個人都至關重要。每個人都有選擇的權利，決定自己的人生旅程要如何度過。你是想要成為籠中的小老鼠，一直踩著轉輪卻徒勞無功、虛度光陰；又或者像學習騎腳踏車，避免跌倒的唯一方法就是持續不停地踩踏板，維持著一個動態均衡。

更理想的狀態是，馬上開始為自己打造一個專屬飛輪，透過理解自己、刻意練習，有紀律地執行你的計畫，並從反覆累積的經驗中學習。如果我們可以不斷地在這個飛輪中獲得反饋，便可以持續調整步調，加速進化，為自己的飛輪注入源源不絕的能量。這也是本書《飛輪效應》內容帶給我的最大啟發，希望可以與所有讀者一起分享。

實戰智慧館 486

飛輪效應

A⁺企管大師步驟7步驟打造成功飛輪，帶你從優秀邁向卓越

作　　者 —— 詹姆・柯林斯（Jim Collins）
譯　　者 —— 楊馥嘉

副 主 編 —— 陳懿文
封面設計 —— 萬勝安
行銷企劃 —— 舒意雯
出版一部總編輯暨總監 —— 王明雪

發 行 人 —— 王榮文
出版發行 —— 遠流出版事業股份有限公司
地址：104005 台北市中山北路一段11號13樓
電話：(02)2571-0297　傳真：(02)2571-0197　郵撥：0189456-1
著作權顧問 —— 蕭雄淋律師

2020年12月1日　初版一刷　　2022年4月25日　初版三刷
定價 —— 新台幣 300 元（缺頁或破損的書，請寄回更換）

ISBN 978-957-32-8899-2

遠流博識網　http://www.ylib.com　E-mail:ylib@ylib.com
遠流粉絲團　https://www.facebook.com/ylibfans

國家圖書館出版品預行編目 (CIP) 資料

飛輪效應：A⁺ 企管大師 7 步驟打造成功飛輪，帶你從優秀邁向卓越／詹姆・柯林斯（Jim. Collins）著；楊馥嘉 譯 . -- 初版 . -- 臺北市：遠流，2020.12
面；　公分 . --（實戰智慧館；486）
譯　自：Turning the Flywheel : A monograph to Accompany Good to Great
ISBN 978-957-32-8899-2（平裝）

1. 企業管理 2. 組織管理 3. 職場成功法

494　　109015953